AF834089

Sara Hopkinson

Einbandgestaltung: schreiberVIS, Seeheim
Fotos auf der U1/Leuchtturm, U4/Hafen und S. 4 © schreiberVIS, Seeheim

Die englischsprachige Originalausgabe erschien 2024 unter dem Titel *Navigation – A Newcomer's Guide* bei Fernhurst Books Limited.

Ins Deutsche übersetzt und bearbeitet von Melanie Köpp, NauticTranslate.

ISBN: 978-3-613-50999-3

Ein Unternehmen der Paul Pietsch Verlage GmbH & Co. KG
Sie finden uns im Internet unter:
www.pietsch-verlag.de

1. Auflage 2025

Layout, Satz und Prepress: schreiberVIS, Seeheim
Druck und Bindung: Graspo CZ, 76302 Zlin
Printed in Czech Republic

Inhalt

Mit diesem Leitfaden

lernen Sie die Grundzüge der Navigation kennen. Gute Erklärungen und bebilderte Beispiele begleiten Sie auf Ihren ersten Schritten. Wir haben für Sie dieses Buch aus dem Englischen übersetzt, weil wir überzeugt sind, dass es perfekte Erklärungen für Abläufe liefert, die auf den ersten Blick kompliziert erscheinen. Natürlich hat die Autorin dieses Buch ursprünglich für ihre britischen Leser geschrieben, sodass die Beispiele und genannten Informationsquellen auf ihre Leserschaft zugeschnitten sind. Wir haben uns bemüht, diese Informationen um einige spezielle Details für unsere deutschsprachigen Leser zu ergänzen und die Abläufe mit den gängigen Lehrwerken für Navigation abzugleichen.

Gleichzeitig möchten wir Sie nicht durch ein zu tiefes Abtauchen in die Fachsprache davon ablenken, worauf es eigentlich ankommt:
Sie wollen Ihr Törnziel erreichen!

In diesem Sinne wünschen wir Ihnen
viel Freude mit unserem Leitfaden.

Erste Schritte in der Navigation

Wir alle navigieren von Zeit zu Zeit. Dabei geht es darum, uns zurecht zu finden.

Mithilfe von Straßenkarten und Hinweisschilder orientieren wir uns auf Autobahnen und Schienennetzen. Wir haben gelernt, Karten zu lesen, Hinweisschildern zu folgen, nach Landmarken Ausschau zu halten und Fahrpläne zu studieren. Anhand von Entfernungen und ungefähren Durchschnittsgeschwindigkeiten schätzen wir, wie lange eine Reise dauern wird und rechnen etwas mehr Zeit ein für mögliche Verzögerungen. Wenn wir an einem Reiseziel bisher noch nicht gewesen sind, lesen wir darüber nach und bitten Freunde um Empfehlungen. Und genau das ist Navigation.

Ziel dieses Buches ist es, diese navigatorischen Fähigkeiten vom Land auf die See zu übertragen.

Jemand hat einmal zu mir gesagt, dass es in der Navigation nur zwei Fragen gäbe:
Wo bin ich?
Wo fahre ich jetzt hin?

Grundsätzlich stimme ich dem zu. Es gibt allerdings einige Hintergrundinformationen, die man zur Beantwortung dieser beiden grundlegenden Fragen benötigt.

Um die Handhabung des Buches zu erleichtern, sind die verschiedenen Themen farblich gekennzeichnet und die Informationen werden schrittweise dargestellt.

Navigation macht Spaß und denken Sie daran: Es kann nicht so schwer sein, denn viele andere Menschen kommen auch ans Ziel!

Sara

Einige der zahlreichen elektronischen Navigationsgeräte auf dem Markt.

Ein Blick auf die Seekarte

Welche Sorten Karten gibt es?

Wenn Sie sich für die Navigation auf See interessieren, fangen Sie mit einer normalen **Seekarte** an. Diese gibt es in Papierform oder digital. Sie enthalten faszinierende Einzelheiten (nicht so sehr vom Land oder vom Meer, sondern von der Küste und dem, was unter Wasser liegt). Über viele Jahrhunderte wurden Daten von Seefahrern und Entdeckern gesammelt. Heutzutage nutzt man Satellitentechnologie, die eine höhere Genauigkeit hat. Schauen Sie nach dem Bezugssystem der Seekarte oder nach Angaben über die Genauigkeit. Sie finden dort das Alter der Karte und die Verlässlichkeit der Ausgangsdaten.

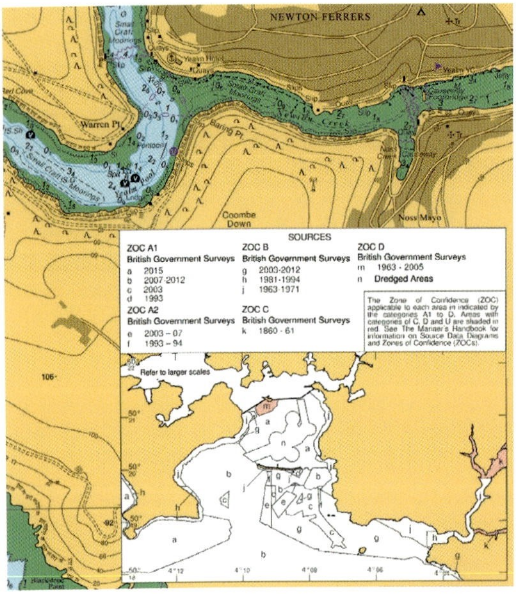

Bezugssystem / Genauigkeit (ZOC = zone of confidence)

Die Seekarten liefern Ihnen die Informationen, die Sie für die Navigation brauchen, dazu gehören:

- Die **Wassertiefe**
- **Gefahrenquellen**, wie Felsen und Sandbänke
- **Auffällige Landmarken** an der Küste
- **Wichtige Navigationspunkte** wie Leuchttürme und Tonnen.

Viele Details an Land werden nicht dargestellt, da sie für die Navigation nicht relevant sind.

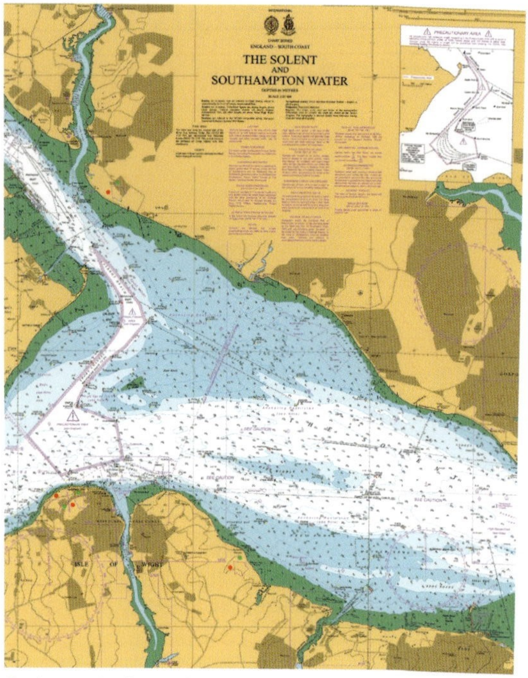

Seekarte der britischen Admiralität

Am besten beginnen Sie mit einer Karte eines Gebiets, das Sie bereits befahren haben oder das Sie vom Land aus kennen. Eine Seekarte aus Papier ist eine gute erste Wahl.

In normalen Buchhandlungen findet man Landaber meist keine Seekarten. Die gibt es bei den Yachtausrüstern vor Ort. Es gibt Händler und Herausgeber von Seekarten, die auf deren Verkauf spezialisiert sind. Diese verkaufen Seekarten und Navigationspublikationen für die ganze Welt.

Eine Vielzahl unterschiedlicher Karten ist auf dem Markt erhältlich.

Die **Seekarten** (digital und in Papierform) **der britischen Admiralität** werden von einer Regierungsbehörde, bzw. dem hydrografischen Institut (UKHO) für den weltweiten Gebrauch hergestellt. In Deutschland ist das **Bundesamt für Seeschifffahrt und Hydrographie** (kurz **BSH**) für die Veröffentlichung von Seekarten (z. B. Nord- und Ostsee) verantwortlich. Wahrscheinlich werden die Papierkarten nach 2030 vom Markt verschwinden. Alle Seekarten, ob aus Papier oder digital, sind schnell nicht mehr aktuell, weil sich Wassertiefen ändern oder Tonnen verlegt werden. Nachdem Sie die Karte gekauft haben, müssen Sie dafür sorgen, dass diese aktuell bleibt. Hierzu finden Sie Informationen auf der Webseite der Admiralität (www.nmwebsearch.com) oder des BSH (www.bsh.de).

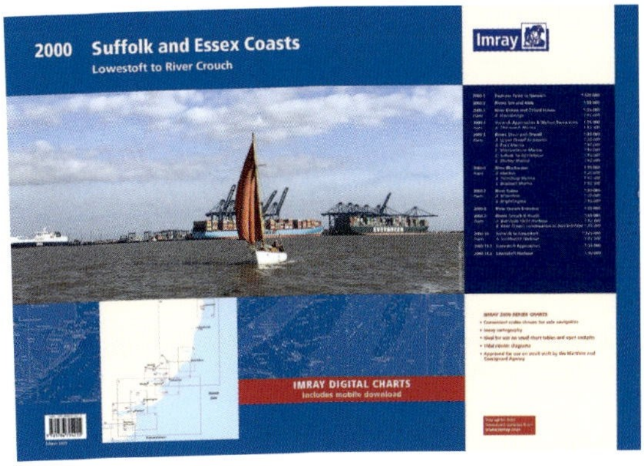

Kartensammlung von Imray

Für genauere Informationen besuchen Sie die Webseite, des jeweiligen Herausgebers der Karte.

Die **Seekarten aus Papier der Firma Imray** werden über Seekartenhändler und Schiffsausrüster oder direkt über die Imray-Website verkauft und decken das Vereinigte Königreich, Nordwesteuropa, das Mittelmeer und die Karibik ab. Ihre Karten sind als Einzelblätter oder in gebundenen oder losen Sammlungen erhältlich. Sie sind auf wasserfestem Papier gedruckt. Meist ist ein Download der digitalen Version gratis mit dabei.

Die Sammlung enthält etwa 10 – 20 Karten im A2-Format. Sie deckt die beliebtesten Reviere ab. Aktualisierungen gibt es auf der Webseite von Imray. Die Karten sind sehr hochwertig und werden in einer stabilen Plastikhülle geliefert. In unterschiedlichen Maßstäben kann man Durchfahrten, Küstenbereiche und Hafen einsehen.

Imray hat auch viele Hafen- und Fahrtenhandbücher von beliebten Revieren. Diese sind für Schiffsführer von Segel- und Motorbooten geeignet, wohingegen die Veröffentlichungen der Admiralität eigentlich für Kapitäne gedacht sind.

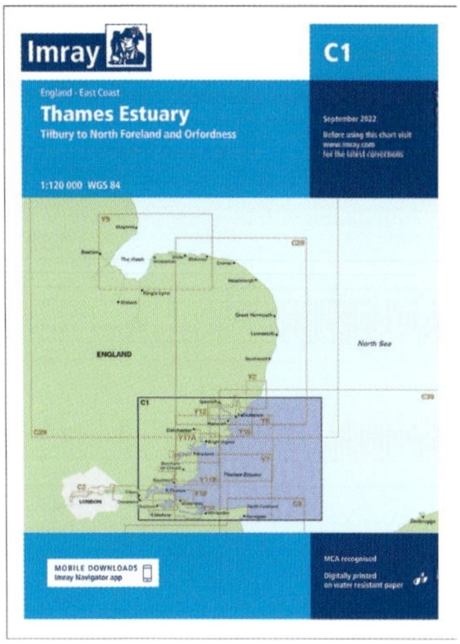

Einzelne Karte von Imray

Detailliertere Informationen finden Sie unter **www.imray.com**.

Digitale oder elektronische Karten sind beliebt und können mit einem Computer, Tablet oder einem speziellen Plotter mit einem elektronischen Display verwendet werden. Abgesehen von der Admiralität gibt es auch verschiedene andere Anbieter, die diese Karten herstellen. Dazu kommen wir später. Aber vergessen Sie nicht: diese müssen auch aktualisiert werden.

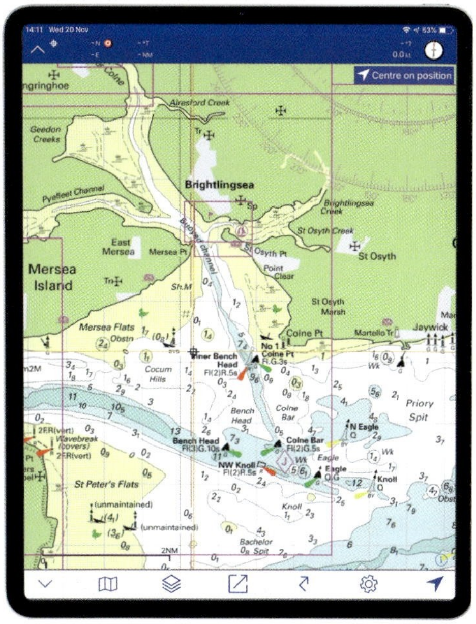

Elektronische Karte von der Einfahrt von Colne auf einem Tablet, herausgegeben von Imray

Karten aus **anderen Ländern** sehen denen aus GB ähnlich und sind ebenso zweckdienlich. Die niederländischen Karten von den dortigen Binnenwasserwegen sind z. B. sehr detailliert und so beliebt, dass man sie auch außerhalb von den Niederlanden bei Ausrüstern kaufen kann.

Viele der Symbole auf den Karten sind leicht zu erraten, aber andere muss man sich erst aneignen ... Am besten macht man das nach und nach, da es Hunderte sind!

Das britische Hydrographische Amt (UKHO) ist Herausgeber eines fantastischen Buches: *Symbols and Abbreviations used on Admiralty Charts* (Kartennr.: 5011). Eine nützliche Ergänzung für jede Schiffsbibliothek. Die enthaltene Information bezieht sich zwar auf die Karten der Admiralität, sie wird aber von den meisten Kartenherstellern ebenso verwendet. Für die Seekarten der Admiralität gibt es ein ähnliches Werk über digitale Seekarten.

Viele der Kartensymbole sind leicht zu erraten, da es sich einfach um sehr kleine Bilder des realen Objekts handelt. Jedes Piktogramm nimmt auf der Karte natürlich viel Platz ein, sodass die eigentliche Position manchmal an anderer Stelle gekennzeichnet werden muss. Üblich ist ein kleiner Kreis am Kartenrand.

Auf ihrem ersten Navigations-Kurs denken viele sofort über den Kauf einer neuen Brille nach!

Nr. 5011 / Buch der Admiralität über die Symbole und Abkürzungen auf den Seekarten der Admiralität

Erklärungshilfe zu Seekarten, herausgegeben von Fernhurst Books. Die Symbole aus dem Buch Nr. 5011 sind ebenfalls enthalten.

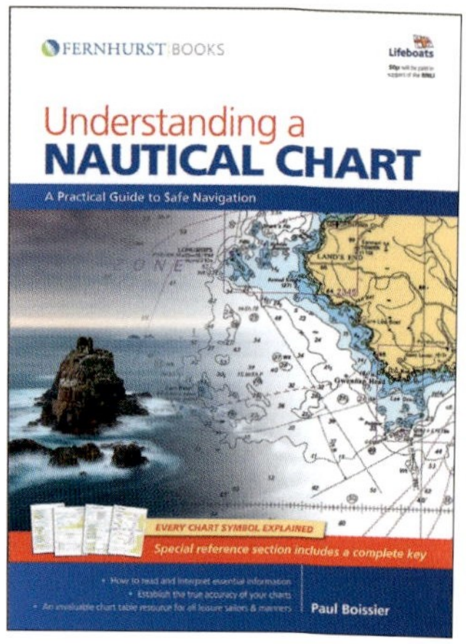

Hier finden Sie einige der üblichen & wichtigen Symbole

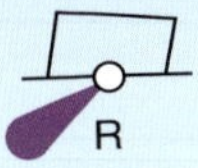	Stumpftonne, einfarbig weiß befeuert
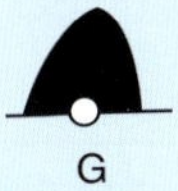	grüne Spitztonne, unbefeuert
	Wrack, geringste Tiefe unbekannt, nicht als gefährlich für die Überwasserschifffahrt eingestuft
	Wrack, geringste Tiefe unbekannt, möglicherweise gefährlich für die Überwasserschifffahrt
	Wrack, bei dem die geringste Tiefe durch Echolotung bekannt ist, nicht durch Schleppgerät
	Wrack, geringste Tiefe wie angegeben bekannt, abgesucht durch Schleppgerät
	Wrack mit Sicherheitstiefe. Die exakte Tiefe ist unbekannt, wird aber als sicher eingeschätzt bis zu der angegebenen Meterzahl
	Wrack, von dem Teile des Rumpfes oder der Decksaufbauten bei niedrigstem Wasserstand (Kartennull) sichtbar sind
	Fels, der zeitweise von Wasser bedeckt sein kann. Die Höhe über Kartennull wird ggfs. angegeben, wenn bekannt
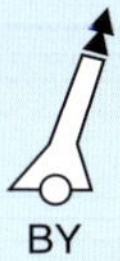	Eine Untiefentonne Nord (Kardinalzeichen), unbefeuert
	Fels in Höhe des Seekartennulls
	Unterwasserfelsen, Tiefe unbekannt, gefährlich für die Überwasserschifffahrt
	Reste eines Wracks o. a. Hindernisse, die nicht länger gefährlich für die Überwasserschifffahrt sind, jedoch beim Ankern, Schleppnetzfischen etc. vermieden werden sollen.
	Schifffahrtshindernis, Tiefe unbekannt
	Leuchtfeuer oder Leuchtturm
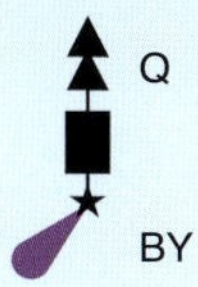	Bake mit Toppzeichen, befeuert
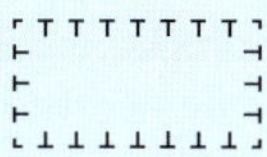	Sperrgebiet
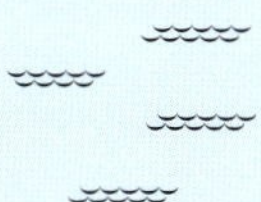	Stromkabbelung

Ein Blick auf die Seekarte

Höhen & Tiefen

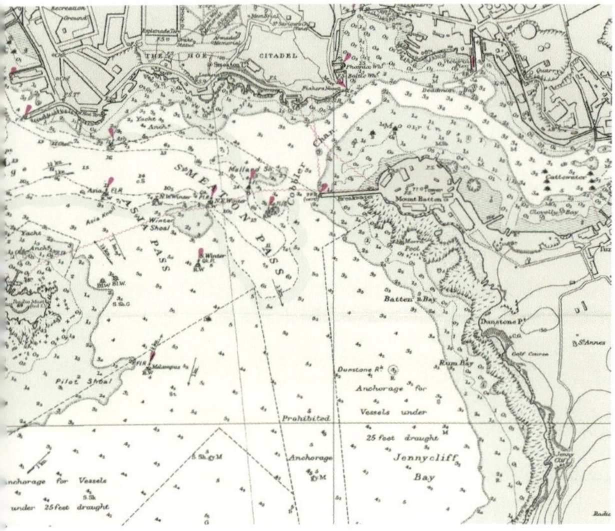

Eine nicht-metrische Seekarte

Die meisten Seekarten (aber nicht alle) sind jetzt **metrisch**, was man sofort daran erkennt, dass sie so farbenfroh sind. Außerdem steht auf dem weißen Rand unten und oben auf der Karte, dass die Entfernungen in Metern angegeben werden! Das bedeutet, dass die Wassertiefen und die Durchfahrtshöhen von Brücken und die Höhen von Leuchttürmen in Metern angegeben werden. Auf **nicht-metrischen Karten** werden die Wassertiefen in Fuß und Faden (6 Fuß gleich 1 Faden) und die Höhen in Fuß angegeben.

Im Vergleich dazu wirken die nicht-metrischen Karten ziemlich trist, da sie hauptsächlich in Schwarz-Weiß gehalten sind.

Auf den metrischen Karten der Admiralität werden Farben hauptsächlich zur deutlichen Markierung der Wassertiefen eingesetzt:

- **Gelb** kennzeichnet die Gebiete über dem Meeresspiegel, also Land!
- **Grün** kennzeichnet Strände, Felsen, Watt und Sandbänke, die nur zeitweise mit Wasser bedeckt sind. Von diesen Gebieten weiß man, dass sie trockenfallen.
- **Dunkelblau**, **hellblau** und dann **weiß** zeigen die zunehmende Wassertiefe.
- Diese Bereiche sind durch **Tiefenlinien** voneinander abgegrenzt. Wenn Sie einer Tiefenlinie folgen, finden Sie die Meterzahl, für die sie steht.

Flache Gebiete gibt es nicht nur entlang der Küstenlinie! Zum Beispiel sind die Sandbänke in der Themsemündung berühmt und berüchtigt! Die Sandbänke fächern sich auf und bilden ein kompliziertes Labyrinth aus Kanälen, dort wo die Themse in die Nordsee mündet. Es ist möglich, dass ein Boot im Mündungsgebiet der Themse auf Grund läuft, man aber überhaupt kein Land sehen kann, und bei schlechtem Wetter sind Boote an diesen gefährlichen Ufern schon zerschellt. Ebenso hat die Bramble Bank im Solent viele Seeleute erwischt, die in der Nähe des Hauptschifffahrtskanals zu den Docks von Southampton auf Grund gelaufen sind.

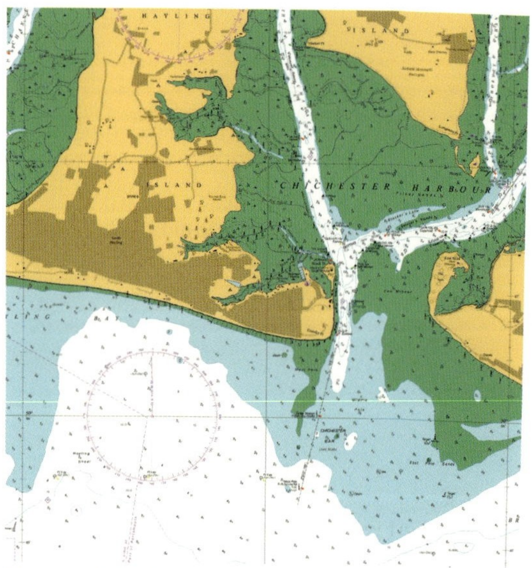

Eine metrische Seekarte

Alle diese Sandbänke sind auf der Karte deutlich gekennzeichnet, aber Bootsführer müssen vorsichtig navigieren und sich an das alte Sprichwort erinnern: »Das nächste Stück Land ist in der Regel das Stück unter dem Boot!«

Die Wassertiefe ist zwar eine der wichtigsten Informationen für die Navigation, sie lässt sich jedoch nicht einfach auf einer Karte darstellen, da die Tiefe abhängig vom Wasserstand bei Ebbe und Flut variiert.

Dieses Problem wird gelöst, indem die Meerestiefen mit dem **Seekartennull** als theoretischer Ebene in Beziehung gesetzt werden, von der aus die Messung beginnt.

Das Seekartennull (SKN) wird in der Regel als der **niedrigster Gezeitenwasserstand (LAT)** definiert. Der in der Grafik dargestellte Wasserstand ist daher pessimistisch – er zeigt den niedrigsten Wasserstand, der erwartet wird, mit Ausnahme extremer Wetterbedingungen oder einem unüblichen Tidenhub. (Der **Tidenhub** ist die Menge, um die das Wasser zwischen Hochwasser und Niedrigwasser steigt oder fällt.)

Tidenhub = HW – NW

Mit anderen Worten: Das Wasser ist fast immer tiefer als auf der Karte angegeben – bei Hochwasser ist es viel tiefer und bei Niedrigwasser etwas tiefer. Das Anzeigen der geringsten Tiefe, die jemals gemessen wurde, erhöht die Sicherheit. Die Zahlen, die in den blauen und weißen Bereichen der Karte stehen, sind die **kartierten Wassertiefen** in Metern, die aus Lotungen stammen. Sie werden ohne Dezimalstelle geschrieben, zeigen aber die Ziffer für die Dezimalstelle unter der eigentlichen Zahl an.

1_7 = 1,7 m **24_6 = 24,6 m**

Wenn es notwendig ist, die tatsächliche Wassertiefe an einer bestimmten Stelle zu kennen, muss der aktuelle Pegelstand zu der in der Karte angegebenen Tiefe addiert werden. (Der Pegelstand gibt an, wie hoch das Wasser über dem Kartennullpunkt steht. Die Pegelstände für Hochwasser und Niedrigwasser können in Tabellen abgelesen werden. Der Pegelstand zwischen Hochwasser und Niedrigwasser kann bei Bedarf berechnet werden. (Siehe Abb. 1).

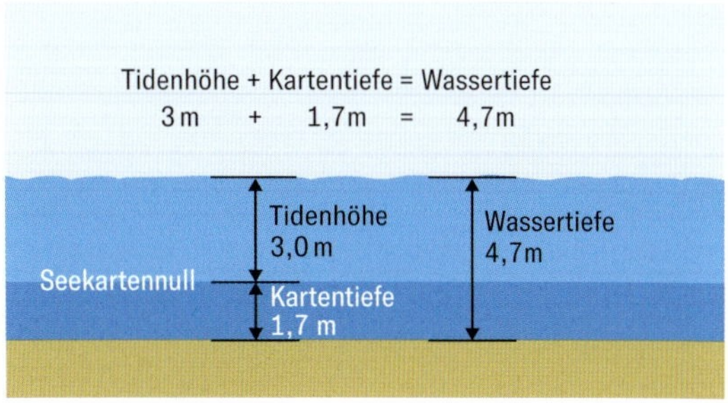

Abb. 1 Wassertiefe (A)

Eine weitere Größe, die mit der Wassertiefe zusammenhängt und durch Farben und Zahlen dargestellt wird, ist die **trockenfallende Höhe**. Dies ist ein Gebiet **oberhalb des Seekartennullpunkts** (SKN), das daher die meiste Zeit, manchmal oder nur gelegentlich »trockenfällt« oder aus dem Wasser herausragen kann. Die trockenfallende Höhe ist in den Karten der Admiralität grün dargestellt. Die unterstrichenen Zahlen sind die Höhe in Metern über dem SKN (Abb. 2).

$\underline{0}_5$ = fällt 0,5 m trocken
$\underline{1}_8$ = fällt 1,8 m trocken
über dem Seekartennull

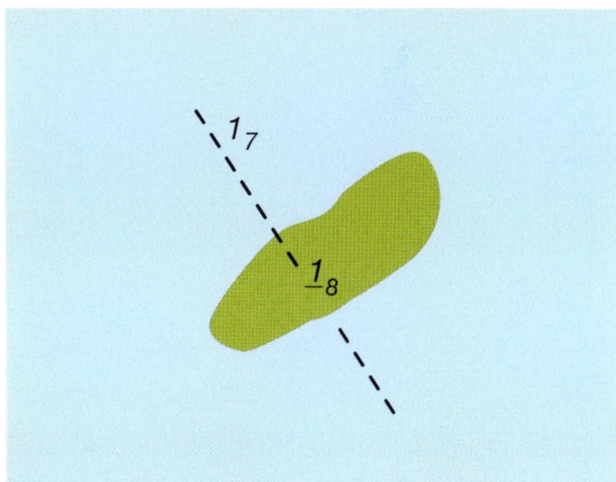

Abb. 2 Trockenfallende Höhen

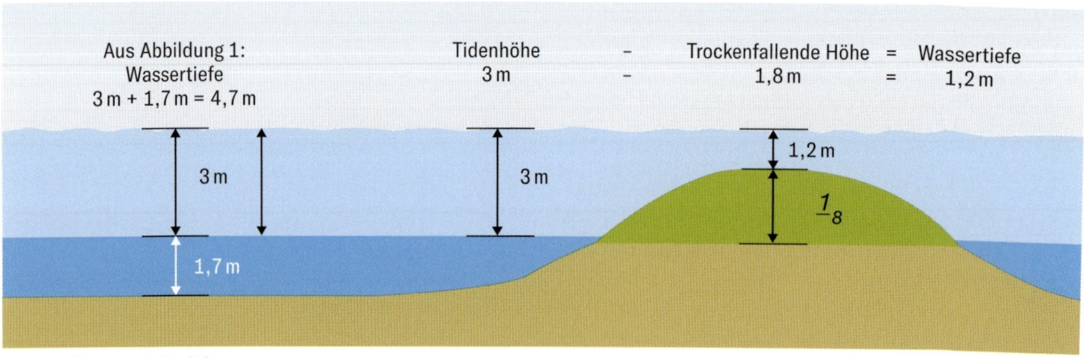

Abb. 3 **Wassertiefe (B)**

Diese Gebiete befinden sich an der Küste und dort, wo es Felsen oder Sandbänke gibt, aber auch hier muss der jeweilige Pegelstand berücksichtigt werden, um die tatsächliche Gefahr zu berechnen.

Der **Höchstwasserstand muss auf die** in der Tabelle angegebene **trockenfallende Höhe angewendet** werden und kann diese vollständig aufheben. Auch hier ist die Seekarte pessimistisch, um den Sicherheitspuffer zu erhöhen. Denken Sie daran, dass fast immer eine größere Wassertiefe vorherrscht als auf der Karte angegeben.

Das ist bis zu einem gewissen Punkt eine gute Sache. Die grünen Bereiche liegen nicht immer über dem Wasserspiegel, auch wenn sie über dem SKN liegen. Bootsführer können diese zwar auf den Karten sehen, aber nicht immer mit dem eigenen Auge– sonst würden wahrscheinlich weniger Boote dort auf Grund laufen! Manchmal liegt die Sandbank komplett frei und Robben sonnen sich darauf, manchmal ist der Wasserstand hoch genug, um sicher über die Sandbank zu fahren. Aber wenn die Sandbank kurz unter der Oberfläche liegt, sodass man sie nicht sehen kann ... kann man nicht darüberfahren! Das hängt alles vom aktuellen Pegelstand ab (Abb. 3).

Tidenhöhe – trockenfallende Höhe = Wassertiefe

Die Farben und Zahlen helfen dabei, ein »dreidimensionales« Bild zu erstellen, das für die Navigation in Flüssen, Mündungs- und Küstengebieten erforderlich ist (Abb. 3).

Werden alle Angaben zu Höhen/Tiefen mit Bezug auf das Seekartennull angegeben?

Leider nein! Eine Ausnahme ist die Höhe eines Leuchtturms. Diese wird bezogen auf das MSpHW (Mittleres Springhochwasser) angegeben **(Abb. 4)**. **MSpHW** ist der durchschnittliche Höchststand der Flut, die als Springflut bezeichnet wird. Springfluten gibt es das ganze Jahr über. Doch dazu später.

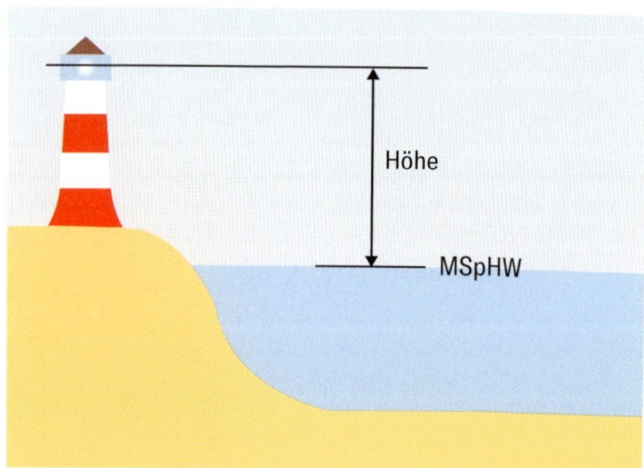

Abb. 4 **Höhe eines Leuchtturmes über der MSpHW**

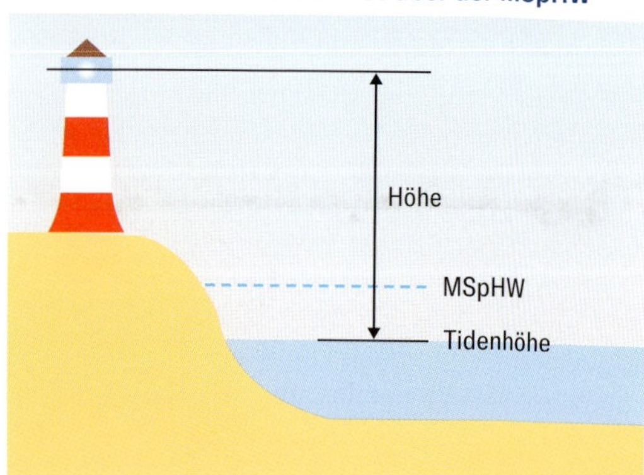

Abb. 5 **Höhe eines Leuchtturmes über der Tidenhöhe**

Normalerweise ist der Höchststand der Flut niedriger als das MSpHW (Abb. 5), sodass der Leuchtturm in Wirklichkeit »höher« ist als auf der Karte dargestellt und aus größerer Entfernung gesehen werden kann (Abb. 6).

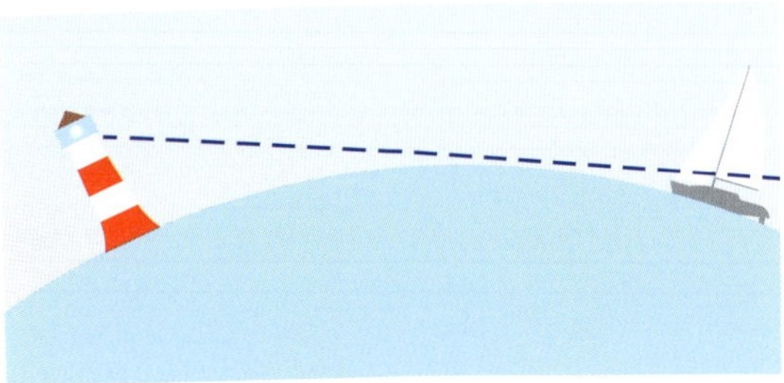

Abb. 6 Sichtung eines Leuchtturms

Die zweite Ausnahme ist die **Durchfahrtshöhe** einer Brücke oder einer Stromleitung. Diese wird in Abhängigkeit vom höchstmöglichen Gezeitenwasserstand (HGzW oder **HAT**) angegeben. Das ist der höchste Wasserstand, der unter normalen Bedingungen erwartet werden kann. Je niedriger der Wasserpegel ausfällt, desto höher ist die Durchfahrtshöhe (Abb. 7 & 8).

Die Information auf der Karte ist auch hier pessimistisch eingeschätzt, um eine Sicherheitsmarge zu haben.

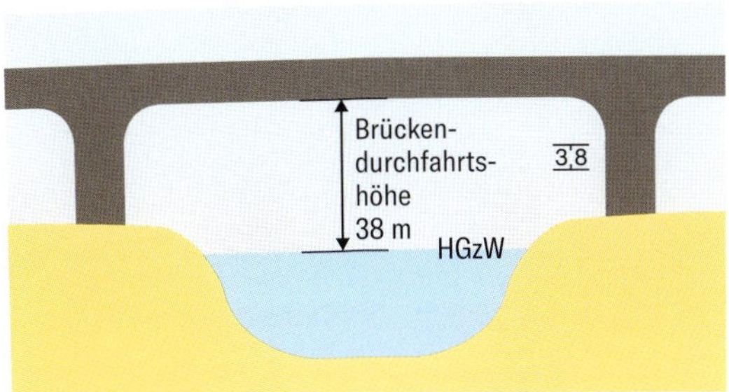

Abb. 7 Durchfahrtshöhe von dem HGzW aus

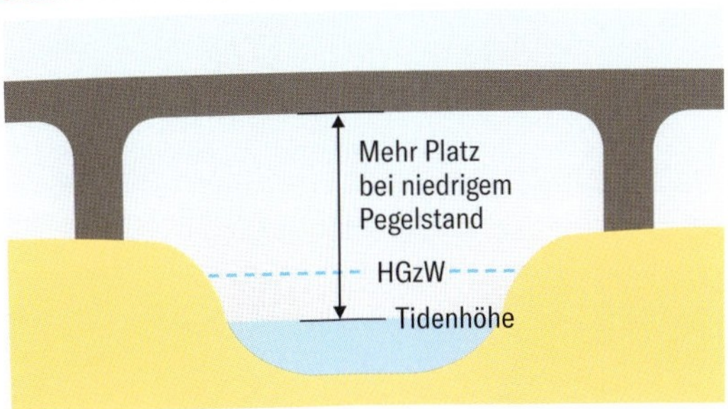

Abb. 8 Durchfahrtshöhe von der Tidenhöhe aus

Wenn Sie sich eine Seekarte genau ansehen, sollten Sie die Informationen in den Anmerkungen nicht übersehen. Irgendwo auf der Karte befindet sich ein Informationsfeld über die Karte selbst, mit speziellen Details und Warnungen für die Region. Zu diesen Informationen gehört:

- **Das Kartendatum**. Dies ist das Maßsystem, das zur Erstellung der Karte verwendet wurde. Die britischen Karten waren früher mit OSGB 36 für *Ordnance Survey of Great Britain 1936* gekennzeichnet, aber jetzt sind sie alle mit WGS84 gekennzeichnet, was bedeutet, dass sie auf dem *World Geodetic Survey von 1984* basieren.
  Müssen Sie das wissen? Bis zu einem gewissen Maß schon.
  Wenn auf dem Boot ein weltweites **Satellitennavigationssystem** (Global Navigation Satellite System) wie GPS verwendet wird, muss es auf dasselbe Maßsystem wie die Karte eingestellt werden, um Ungenauigkeiten zu vermeiden. Dazu muss man in das Hauptmenü gehen und vielleicht die Bedienungsanleitung lesen!
- **Das Betonnungssystem für die Region.** Es gibt nur zwei verschiedene Systeme – A und B. Nordamerika und andere Nachbarländer nutzen das System B, während alle anderen das System A benutzen. Darum kümmern wir uns später. Es ist gar nicht so verwirrend, wie es zunächst scheint, Sie sollten es aber nachschlagen bevor Sie exotische Reviere besuchen!
- **Projektion.** Das ist die Methode, die verwendet wurde, um die runde Weltkugel auf ein flaches Stück Papier zu projizieren. Dies war schon seit den ersten gezeichneten Karten ein Problem, und es werden immer noch verschiedene Lösungen oder Projektionen verwendet. Alle führen zu gewissen Verzerrungen im Maßstab.
- **Lokale Sicherheitshinweise und Warnungen.** Es ist eine gute Idee, diese zu lesen. Wenn sie nicht wichtig wären, wären sie gar nicht erst in die Karte aufgenommen worden!

Eine Position angeben
Längen- und Breitengrade

Nachdem man die Karte, Symbole und Farben einigermaßen verinnerlicht hat, geht es als Nächstes um die Position. Die **Position** ist die Beschreibung eines **genauen Ortes** auf der Oberfläche des Planeten. Das werden wir in zwei Schritten angehen:

1. Wie beschreibe ich einem anderen Navigator, wo ich bin?
2. Wie finde ich heraus, wo ich bin?
(Das wird ab Seite 18 behandelt)

Die bekannteste Methode zur Beschreibung einer Position, die in einer Karte eingezeichnet werden kann, ist die Verwendung von **Längen- und Breitengraden**. Dies sind Linien, die horizontal (Breitengrad) und von Pol zu Pol (Längengrad) um die Welt verlaufen und ein Raster bilden.

Wenn Längen- und Breitengrad zur Benennung einer Position verwendet werden, wird **der Breitengrad immer zuerst** angegeben.

Die **Breitengrade** verlaufen **parallel** zueinander nördlich und südlich des Äquators. Sie haben nicht diesselbe Länge, da sie zu den Polen hin kürzer werden. Der Breitengrad mit der Bezeichnung 52° könnte entweder bei Ipswich (Suffolk) oder in Australien liegen, daher ist eine Aufteilung in N oder S (für Nord und Süd) sinnvoll. Wobei 52° der Winkel zum Mittelpunkt der Erde ist (Abb. 9).

Die **Längengrade** verlaufen von Pol zu Pol und werden von Greenwich (GB) aus in östlicher und westlicher Richtung gezählt. Sie haben alle dieselbe Länge, sind aber natürlich nicht parallel. Die Linie 1° E verläuft bei Ipswich und sollte 001° E geschrieben werden, um sie klar von 010° E und 100° E zu unterscheiden (Abb. 10). Da können die Nullen schon einmal einen großen Unterschied ausmachen! Die Bezeichnung E (Ost) und W (West) ist auch wichtig. 001° ist der Winkel zwischen dieser Längengradlinie und dem Nullmeridian oder 000°, der durch das Observatorium in Greenwich in London verläuft.

Die Position von 52° N 001° E für Ipswich ist ungefähr richtig, aber noch zu ungenau. Für zusätzliche Genauigkeit ist **jeder Grad in 60 Minuten und jede Minute in 60 Sekunden oder Zehntel unterteilt.**

Abb. 9 Parallele Breitengrade

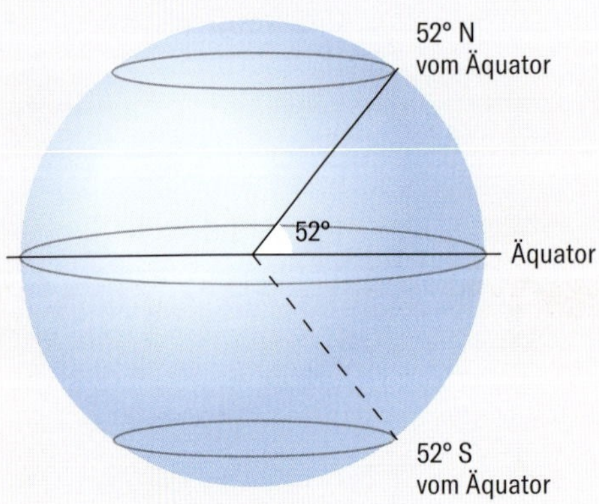

Abb. 10 Lage der Längengrade

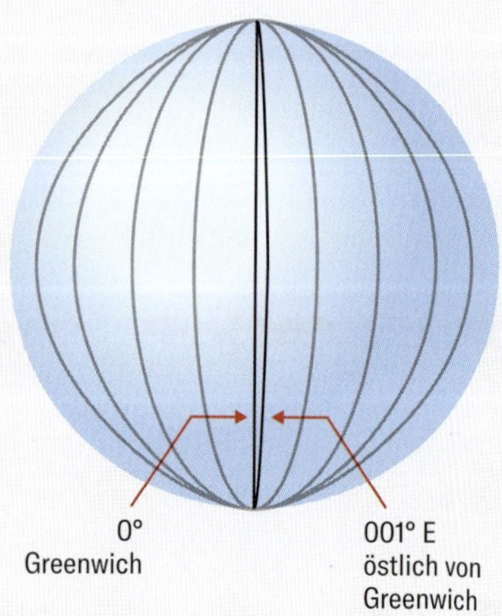

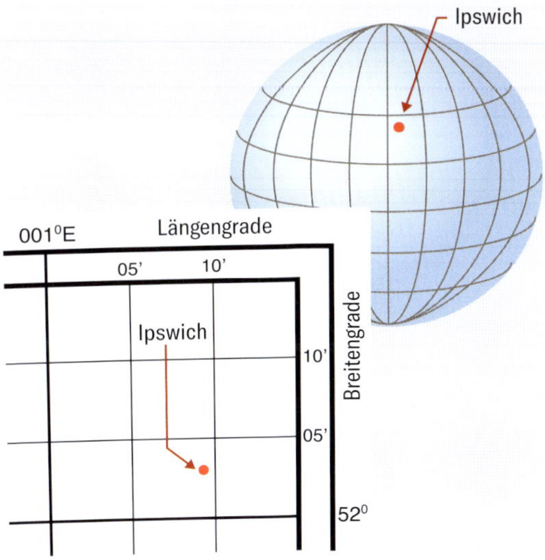

Abb. 11 Die Position von Ipswich

Bei Verwendung dieses Formats lautet die Position für Ipswich: 52° 03'30"N 001°09'30" E (siehe Abb. 11). Jede Null, jedes Minuten- und Sekundensymbol ist entscheidend für die korrekte Bezeichnung, ebenso wie die Verwendung von N und E.

Wenn dieses einfache Rastersystem von der Erdkugel auf ein flaches Stück Papier übertragen wird:

- Befindet sich die Breitengradskala rechts und links auf der Karte.
- Befindet sich die Längengradskala oben und unten.

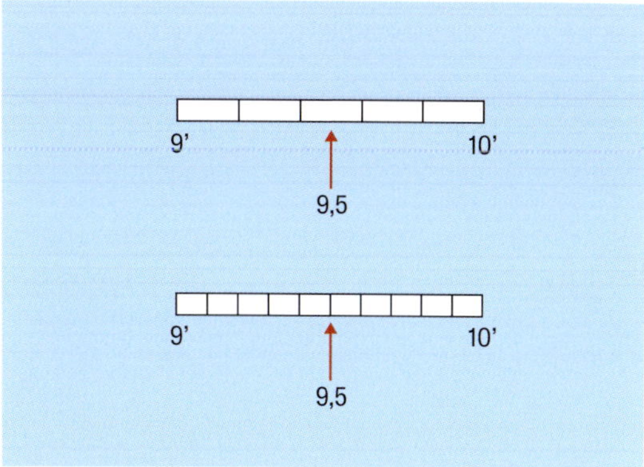

Abb. 12 Die Unterteilung der Minuten auf der Karte

Jede Minute wird je nach Maßstab der Karte aufgeteilt, und der Wert jeder kleinen Unterteilung lässt sich nur durch Zählen ermitteln (Abb. 12).

Wie liest man die Breiten- und Längengrade auf der Karte ab?

Die geografische Breite und Länge misst man am einfachsten mit einem Stechzirkel. Traditionell sind sie aus Messing und so geformt, dass man sie einhändig bedienen – und sich mit der anderen Hand festhalten – kann. Hoffentlich ist das nicht allzu oft notwendig!

Messen Sie die Entfernung zu einer Breitengradlinie und übertragen diese dann auf die Skala am Rand der Karte. Zählen Sie sorgfältig, da die Darstellung der Skala von Karte zu Karte unterschiedlich ist.

Stechzirkel

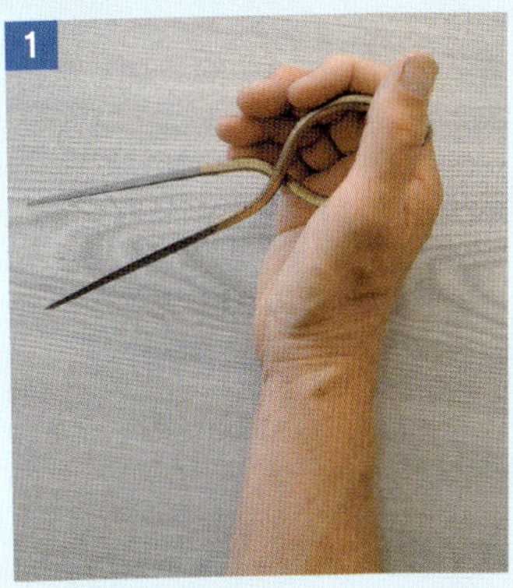

1. Halten Sie den Stechzirkel so.

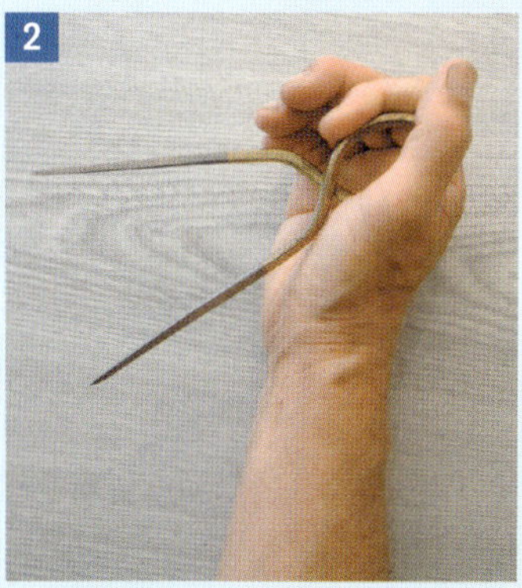

2. Drücken Sie das gebogene Ende zusammen, um ihn zu öffnen.

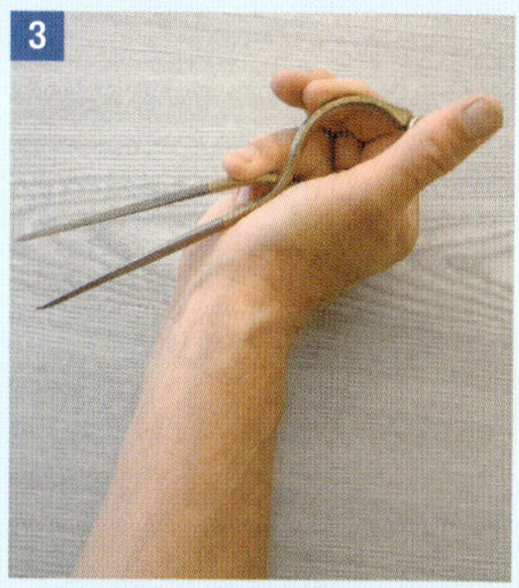

3. Drücken Sie die geraden Enden zusammen, um ihn zu schließen.

Ablesen des Breiten- und Längengrads eines Punktes auf der Karte

1. Messen Sie mit dem Stechzirkel vom Punkt auf der Karte bis zur nächsten Breitengradlinie, in diesem Fall die 50° 15' Linie.

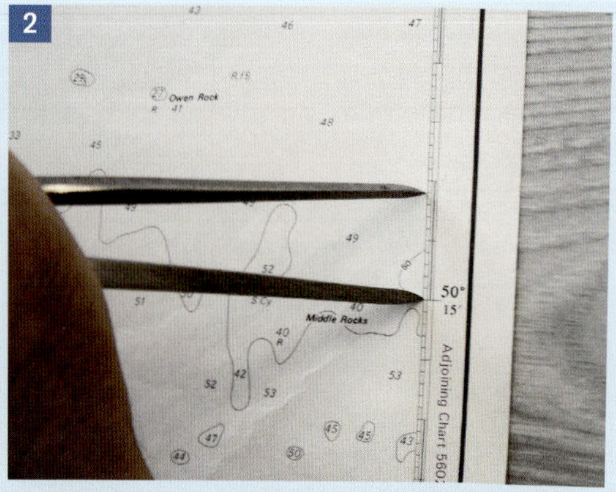

2. Legen Sie den Stechzirkel an der Breitengradskala an und lesen genau ab: 50° 15,9' N

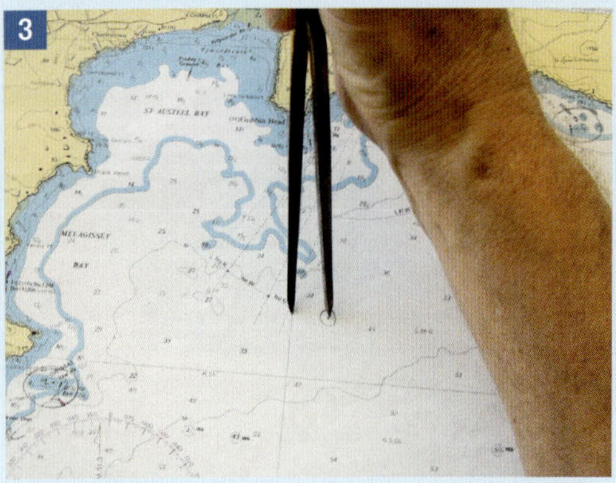

3. Messen Sie nun mit dem Stechzirkel vom Punkt auf der Karte bis zur nächsten Längengradlinie, hier 004° 40'

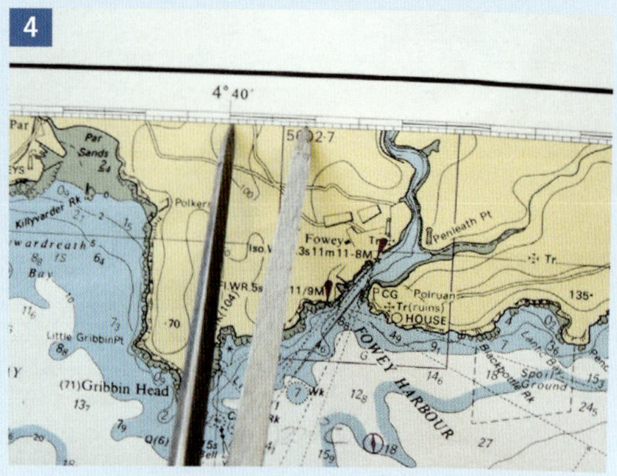

4. Legen Sie den Stechzirkel an der Längengradskala an und lesen genau ab: 004° 39,1' W

Um den Längengrad zu bestimmen, wiederholen Sie dies und verwenden die Skala oben oder unten auf der Karte. Der Breitengrad wird immer zuerst angegeben (siehe obige Abbildung).

Wie liest man die Entfernungen auf der Karte ab?

Mit dem Stechzirkel kann man auch Entfernung auf der Karte abmessen. **Entfernungen** werden anhand der **Breitengradskala** und niemals anhand der Längengradskala gemessen. Obwohl Grad und Minuten jedes Breitengrads (je nachdem, ob die Karte ein großes oder kleines Gebiet abdeckt) unterschiedlich groß dargestellt sein können, gilt immer:

1 Breitengrad-Minute = 1 Seemeile
1' Breite = 1 sm

Um eine Entfernung zu messen, wird je eine Spitze des Stechzirkels auf jeden Punkt gesetzt und dann wird Abstand an der Breitengradskala abgelesen (siehe nebenstehende Abbildung).

Diese Messung ist wegen der Verzerrungen zwischen der Erdkugel und einer flachen Karte nicht perfekt. Kartenhersteller haben Anpassungen durch die Verwendung unterschiedlicher Projektionen vorgenommen, sodass auf einer Karte, die ein sehr großes Gebiet abdeckt, eine Seemeile im Norden der Karte und eine im Süden unterschiedlich groß dargestellt sind! Das wirkt ein bisschen surreal, ist aber praktisch. **Verwenden Sie die Breitengradskala, die dem betreffenden Punkt am nächsten liegt.** So vermeiden Sie Ungenauigkeiten und es ist nicht so umständlich.

Wie misst man Entfernungen auf der Karte?

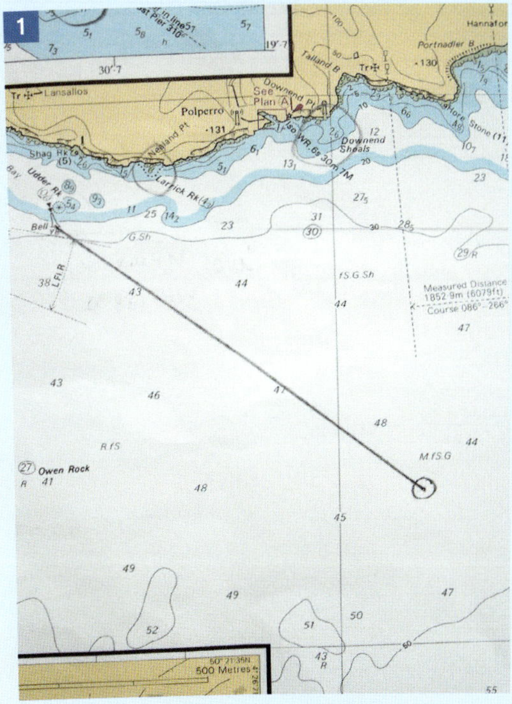

1. Messen einer Entfernung auf der Karte, in diesem Fall von der Tonne zum Kreis (wahrer Schiffsort).

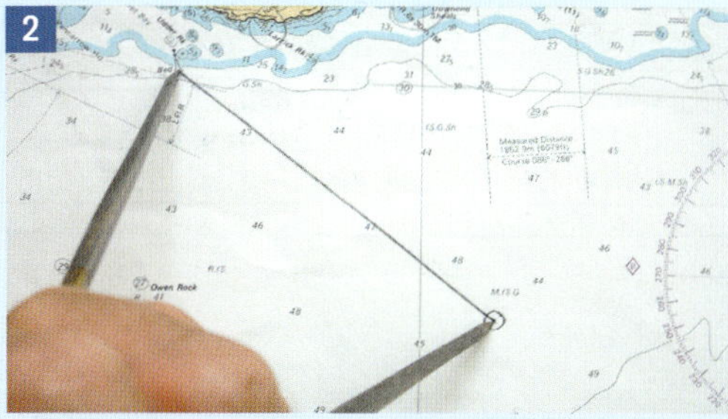

2. Öffnen Sie den Zirkel und messen den Abstand.

3. Halten Sie den Zirkel an die nächstgelegene Breitengradskala. Lesen Sie den Abstand ab (1' = 1 sm): hier sind es 4 Seemeilen.

Zur groben Messung einer Entfernung, öffnen Sie den Stechzirkel auf 5 oder 10 Seemeilen, und »laufen« dann über die Karte, wobei sie jede Drehung zählen (siehe Abb. 13).

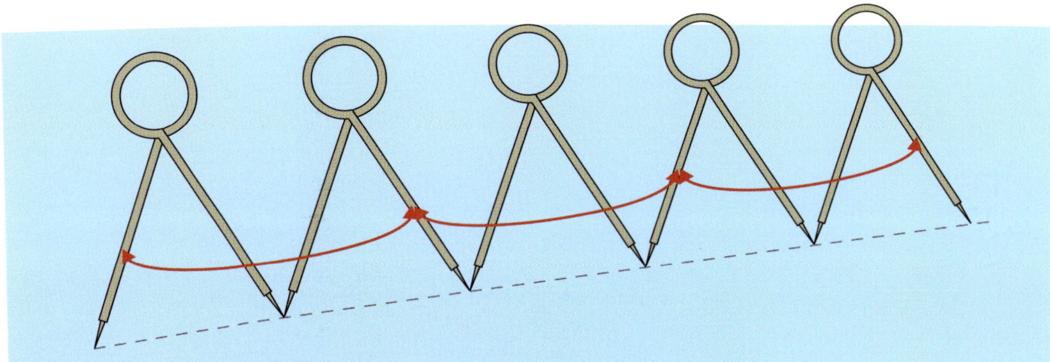

Abb. 13: Mit dem Stechzirkel »laufen« zur schnellen Erfassung von Entfernungen.

Eine Position angeben

Distanz & Peilung

Längen- und Breitengrad sind nicht die einzige Möglichkeit, jemandem Ihre Position mitzuteilen, und vielleicht nicht einmal die beste. Die Messung kann sehr genau und einfach sein, insbesondere wenn das Boot über ein elektronisches Navigationssystem wie GNSS verfügt, aber sie ist für den Empfänger der Informationen nicht sehr benutzerfreundlich.

Wenn ich sage, dass ich etwa bei 52° 03,5′ N 001° 09,5′ E wohne, wüsste kaum einer, was ich meine. Sie haben aber sofort eine Vorstellung, wenn ich sage: »Ich wohne etwa 100 km nordöstlich von London.« Gegenüber einem Ortskundigen kann ich also auch eine bekannte Landmarke nutzen. Ich kann z. B. sagen: »Ich wohne etwa 500 m die Straße an der Bar hinunter.«

Auf See kann man seine Position auch auf diese Weise angeben, man spricht dann von Distanz und Peilung. Die Person, die die Informationen hört, kann sie sehr leicht verstehen oder in der Karte eintragen. Sie beginnen an einem bekannten Ort und ziehen oder stellen sich eine Linie in diese Richtung für die angegebene Entfernung vor. Angegeben wird immer die Peilung zuerst.

Um die Richtung in der Navigation anzugeben, verwenden wir nicht mehr den traditionellen Kompass mit 32 Strichen und Richtungsangaben wie »Nordnordwest«, sondern die 360 Grad eines Kreises. Auf der Seekarte ist als Referenz eine Kompassrose abgebildet, auf den meisten Karten sogar an mehreren Stellen.

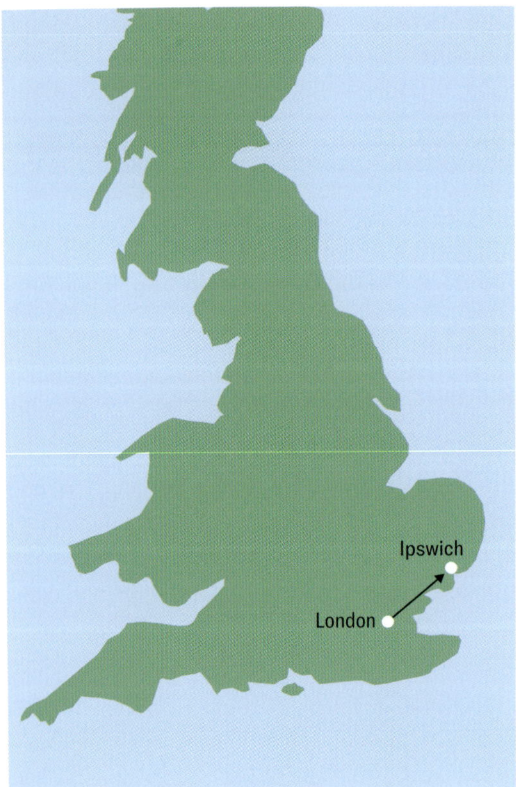

Ich wohne etwa 100 km nordöstlich von London.

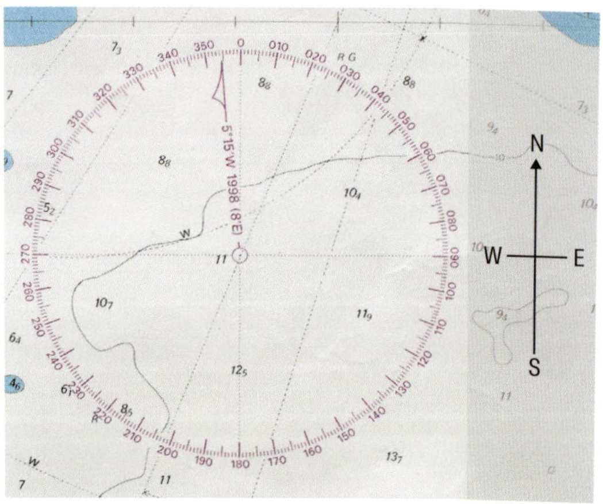

Eine Kompassrose

Es ist wichtig, ein Gefühl für diese Angaben zu bekommen, damit das Zeichnen und Abmessen von Linien auf der Karte leichter fällt. Für Nord gibt man z. B. die Gradzahl 000° an und für Süd 180°. Es werden immer drei Ziffern angegeben, also ist Ost 090° und West 270°. Zeichnen Sie eine Linie mit einem Lineal, geht diese natürlich in beide Richtungen. Man kann sich leicht mit der Richtung und der passenden Gradzahl vertun. Vergleichen Sie daher immer ihre Linie mit der Kompassrose, bis Sie ein Gefühl für Richtungsangaben haben.

Zusammengefasst kann man also sagen: Ein Boot, was zwei Seemeilen südlich von einem Feuerschiff liegt, liegt in 180° und 2 sm von dem Feuerschiff.

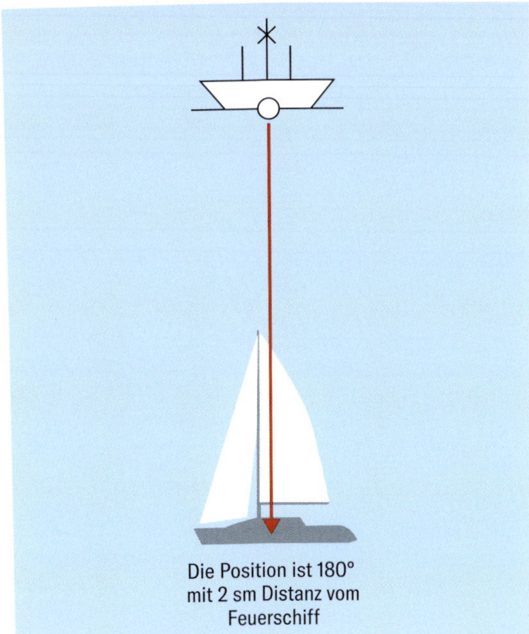

Abb. 14 Distanz & Peilung

Um die Peilung aus der Karte zu ermitteln, stehen verschiedene Zeichengeräte oder Lineale zur Verfügung.

Traditionell wurde auf Schiffen ein **Parallellineal** verwendet, aber das kann auf einem kleinen Kartentisch sehr unhandlich sein. Meist wird heute ein **Anlegedreieck** und ein **Kursdreieck** verwendet.

Die beste Zeichenhilfe, die ich empfehlen würde, ist das **»Breton«-Kurslineal**. Es verfügt über eine drehbare Winkelscheibe, sodass es nicht über die Karte zur Kompassrose geschoben werden muss. Auf einem kleinen Kartentisch ist das viel praktischer.

Wie benutzt man ein Kurslineal?

Das Lineal kann auf zwei verschiedene Weisen benutzt werden:

- Die Richtung von einer Position zu einer anderen auf der Karte einzuzeichnen und abzulesen.
- Auf der Karte einen Kurs einzuzeichnen.

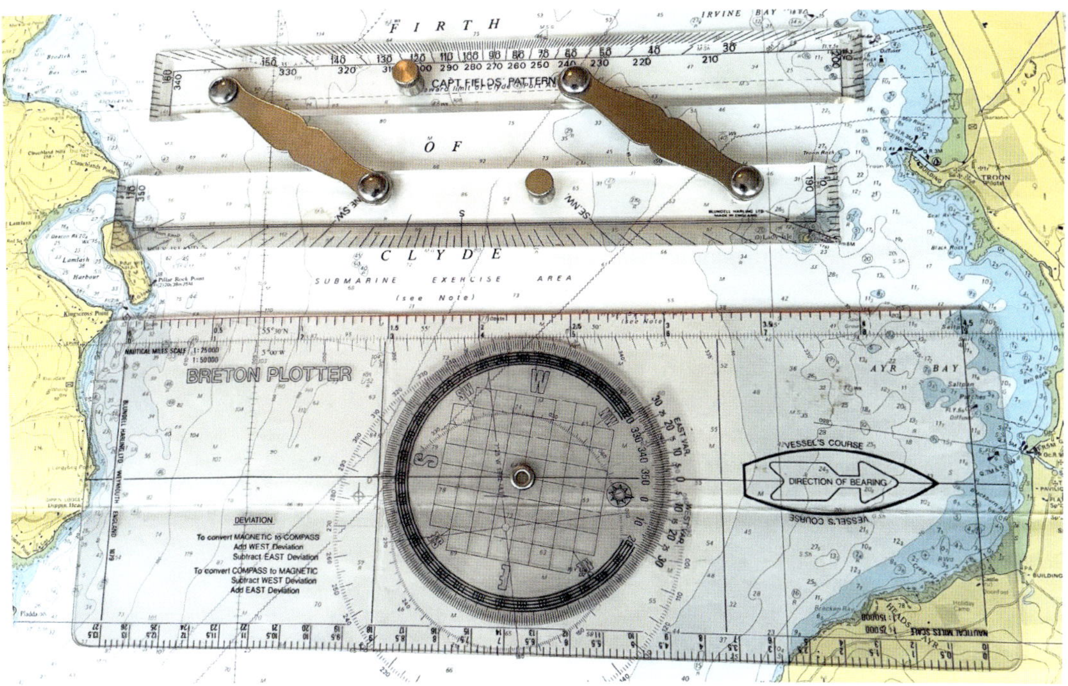

Ein Parallellineal (oben) und ein Breton-Kurslineal (unten)

Wie lese ich eine Richtung auf der Karte ab?

1

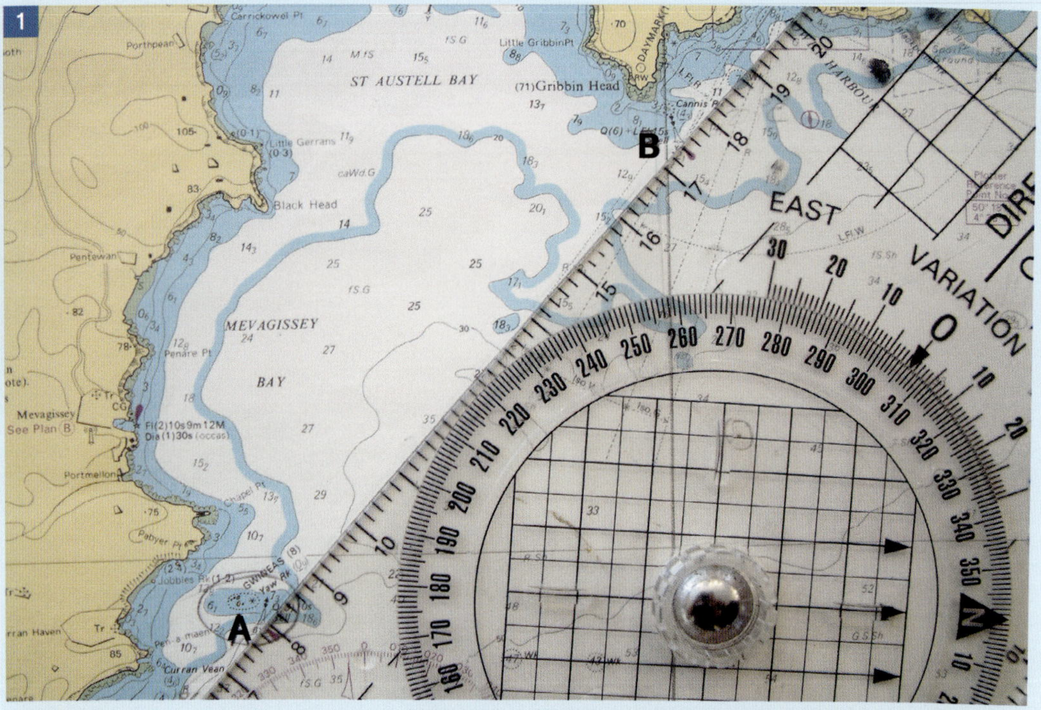

1. Legen Sie die Kante des Kurslineals an den Kurs, der gefahren werden soll (A bis B). Achten Sie darauf, dass der große farbige Pfeil (hier grün) auf dem Lineal in die Richtung zeigt, in die Sie fahren wollen.

2

2. Drehen Sie die Scheibe des Kurslineals, sodass N nach Norden zeigt und das Netz auf der Scheibe parallel zu den naheliegenden Längen- oder Breitengraden ausgerichtet ist.

3

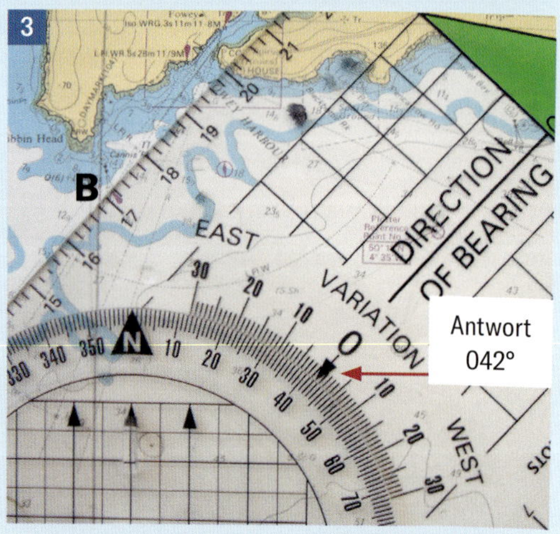

3. Lesen Sie die Gradzahl dort ab, wo die Mittellinie des Kurslineals auf den Winkelmesser trifft (hier 042°) Vergleichen Sie das Ergebnis mit der Kompassrose. Fragen Sie sich: »Kann das stimmen?« Prüfen Sie Ihre Ergebnisse und Berechnungen immer mit gesundem Menschenverstand.

Wie zeichne ich einen Kurs auf der Karte ein?

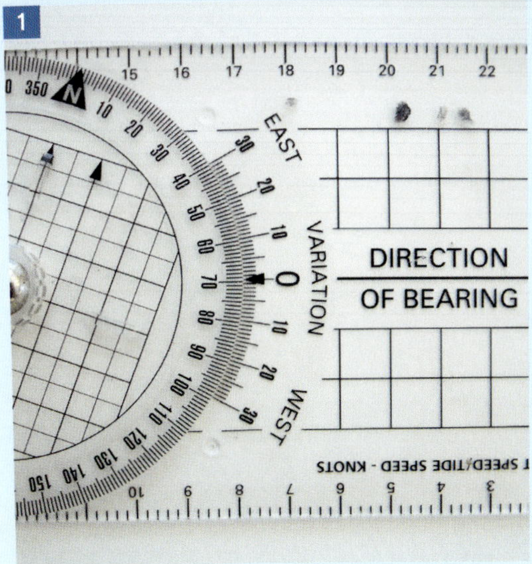

1. Drehen Sie die Winkelmaß-Scheibe, sodass der einzuzeichnende Kurs parallel zur Mittellinie des Kurslineals liegt (z. B. 070°).

2. Setzen Sie den Bleistift auf die Position auf der Karte, von der aus Sie zeichnen, und halten Sie das Kartenlineal dagegen.

3. Richten Sie das Kartenlineal so aus, dass das N nach Norden zeigt, indem Sie es verschieben und drehen (verwenden Sie den Bleistift als Drehpunkt), bis das Gitter auf dem Winkelmesser mit einer Längen- oder Breitengradlinie auf der darunter liegenden Karte übereinstimmt.

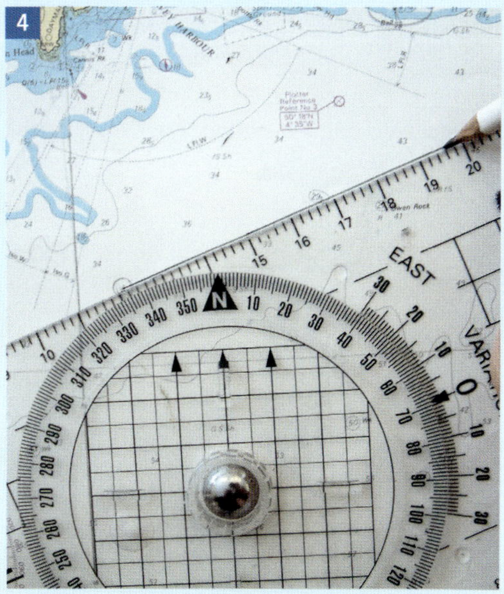

4. Zeichnen Sie die Linie in Richtung des großen farbigen Pfeils (hier grün, siehe Bild 3 auf S. 20) auf dem Kartenlineal. Vergleichen Sie die Linie mit der Kompassrose. Denken Sie daran, man kann sich leicht vertun und die Linie in genau die entgegengesetzte Richtung zeichnen.

Eine Position bestimmen

GNSS

Nun kommt endlich die echte Navigation, **Positionsbestimmung** und das erste von Navigatoren verwendete Symbol für die Eintragung in die Seekarte.

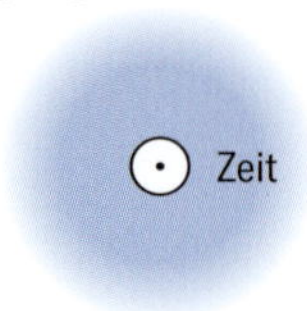

Die Position, die der Navigator bestimmt hat, wird mit einem Kreis und der Zeit markiert.

In der dreidimensionalen Wasserwelt ist es unerlässlich, die Position des Bootes im Auge zu behalten. Leider ist das nicht so einfach wie an Land. Auf See gibt es wenig Orientierungspunkte und niemanden, den man fragen kann, wenn man sich verirrt. Hinzu kommen noch andere Probleme. Zum Glück gibt es hilfreiche Instrumente. Während das Boot vorwärts fährt, zeigt der **Steuerkompass** die Richtung an, in die das Boot fährt, und das **Log** misst die zurückgelegte Strecke, aber es gibt auch unsichtbare Kräfte, die auf das Boot einwirken:

- Der **Wind** kann das Boot seitlich versetzen und **Abdrift** verursachen. Dies betrifft Boote mit unterschiedlicher Form in unterschiedlichem Maße, nimmt mit der Windstärke zu und variiert je nach Windrichtung im Verhältnis zur Fahrtrichtung des Bootes. Die Abdrift ist schwer zu ermitteln und muss anhand der Bedingungen zum jeweiligen Zeitpunkt und des Bootstyps geschätzt werden.
- Außerdem kann sich die gesamte Wassermasse aufgrund eines **Gezeitenstroms** bewegen. Diese **horizontale Bewegung** des Wassers wird durch Ebbe und Flut verursacht. Alle Schiffe und andere schwimmende Objekte sind gleichermaßen betroffen. Gezeitenströme können die Geschwindigkeit des Bootes erhöhen oder verringern oder das Schiff vom gesteuerten Kurs abbringen. Dies zeigt das Log **nicht** an. Das muss berechnet werden.

Daher ist es wichtig, die Position regelmäßig zu überprüfen und **im Logbuch festzuhalten**.

Es gibt viele Möglichkeiten, die Position zu überprüfen, einige sind schneller, andere sind zuverlässiger. Am besten verwendet man verschiedene Methoden, um nicht alles auf eine Karte setzen zu müssen.

Gehen Sie niemals einfach davon aus, dass eine Position korrekt ist. Suchen Sie nach beweiskräftigen Indizien und nutzen Sie den gesunden Menschenverstand. Fragen Sie sich:

- Passt das zu dem, was ich sehen kann, und zur letzten bekannten Position?

Gehen Sie auch nicht davon aus, dass Sie falsch liegen, gehen Sie einfach von gar nichts aus! Denken Sie auch daran, dass Sie bereits nicht mehr dort sind, wenn Sie die Position auf der Karte eingezeichnet haben! Selbst wenn das Boot nur mit 6 Knoten fährt, hat es in 10 Minuten eine Seemeile zurückgelegt.

Eine der größten Veränderungen in den letzten Jahren war die Einführung von elektronischen Geräten zur Positionsbestimmung mit immer höherer Genauigkeit. Zuerst haben Decca und Loran und jetzt GPS und andere **globale Satellitennavigationssysteme** die Arbeit des Navigators verändert. Das GNSS ermittelt die Position und aktualisiert sie automatisch alle paar Sekunden.

GNSS

Ein GNSS-Empfänger (z. B. ein GPS), verwendet mehreren Satelliten, um seine Position zu berechnen. Sie sind bemerkenswert genau, relativ preiswert und arbeiten weltweit.

Heute gibt es mehrere verschiedene Systeme, darunter GPS, Glonass, Galileo u. a. Einige Geräte können Signale von mehr als einem System nutzen, um die Position zu bestimmen.

Das Gerät benötigt eine Antenne, viele haben eine interne. In einigen Fällen verbessert eine externe Antenne die Leistung oder ist erforderlich. Ein kleiner tragbarer Empfänger kann möglicherweise an einem abgeschirmten Ort nicht aktualisiert werden.

Einige Geräte zeigen die Position als Längen- und Breitengrad an, manchmal mit drei Dezimalstellen, was vielleicht etwas irreführend ist. Die durchschnittliche berechnete Genauigkeit eines GNSS-Geräts liegt in 95 % der Fälle innerhalb von 5 Metern. Die Genauigkeit hängt davon ab, wie viele Satelliten das Gerät gleichzeitig sehen kann. HDOP (horizontal dilution of precision) heißt die Skala, deren Wert diese Genauigkeit angibt. Je kleiner die Ziffer, desto besser. Viele Geräte zeigen die Position auf einer Abbildung einer Karte, einem Kartenplotter oder Tablet an oder die Position kann in andere Geräte an Bord eingespeist werden, wie z. B. ein UKW-/DSC-Funkgerät oder ein Radargerät.

Sobald das Gerät die Position kennt, kann es weitere sehr nützliche Informationen berechnen. Um jedoch das Beste aus all diesen zusätzlichen Funktionen herauszuholen, müssen Sie die Bedienungsanleitung lesen! Unabhängig von den anderen Informationen, die das Gerät anzeigt, ist das **GNSS** im Wesentlichen ein **Gerät zur Positionsbestimmung** und es weiß nichts über die Wassertiefe oder Gezeitenströmungen. Die meisten Boote, die auf Sandbänken oder Felsen auflaufen, haben ein GNSS!

Das GNSS kann die Position je nach Einstellung auf unterschiedliche Weise anzeigen:

- Auf der Abbildung einer Seekarte
- Als Längen- und Breitengrade
- In Relation zu einem Wegpunkt
- Oder evtl. alle drei Möglichkeiten gleichzeitig

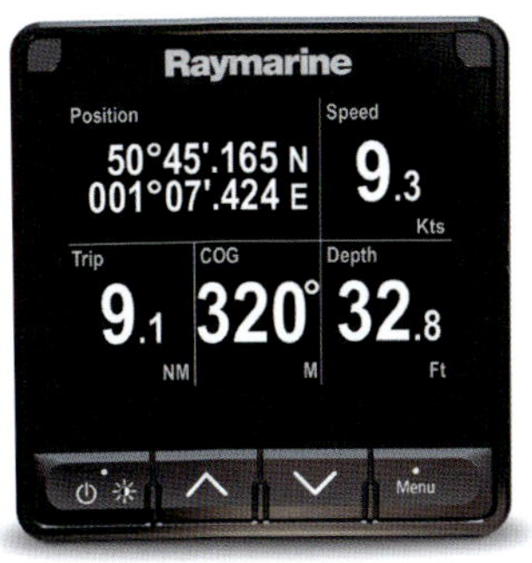

Diese liefern **keine** unterschiedlichen Positionen, die zur gegenseitigen Kontrolle genutzt werden können. Es ist dieselbe Information, nur unterschiedlich dargestellt. Das GNSS kann sich nicht selbst überprüfen. Für eine sinnvolle Positionsüberprüfung müssen neue Daten aus einer anderen Quelle einbezogen werden.

Die Anzeige hängt von den Fähigkeiten des Geräts und der Vorliebe des Skippers ab. Wenn die Position auf einer Papierkarte eingezeichnet werden soll, kann es viel praktischer sein, die Position mit Bezug auf einen Wegpunkt zu verwenden, als mit Breiten- und Längengraden.

Einzeichnen der Position anhand der Anzeige von Längen- und Breitengrad

Vom GNSS können die Längen- und Breitengradinformationen mit einem Stechzirkel oder einem Kartenlineal auf die Karte übertragen werden.

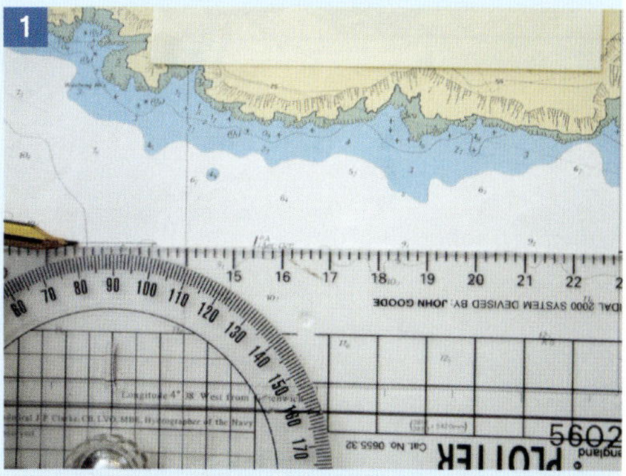

1. Beginnen Sie mit dem Breitengrad. Richten Sie das Kartenlineal auf der Breitengradskala aus, dabei müssen Sie die Dezimalstellen genau zählen. Richten Sie das Kartenlineal horizontal aus, indem Sie die Linien der Breitengrade verwenden.
2. Zeichnen Sie eine kurze Linie ungefähr auf dem richtigen Längengrad und markieren diesen.

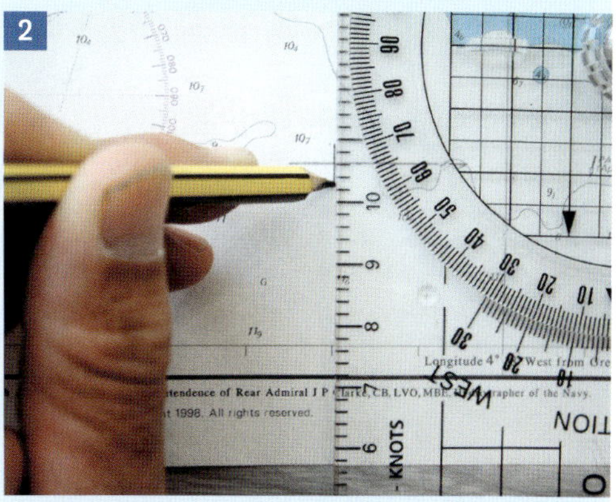

Wenn das Kartenlineal zu kurz ist, um die Linien auszurichten, verwenden Sie den Stechzirkel für die Ermittlung des Längen- und Breitengrades.

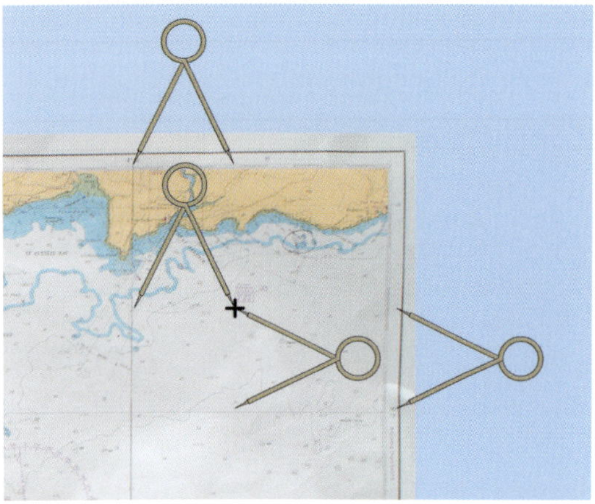

Abb. 15 Verwendung des Stechzirkels für die Ermittlung des Längen- und Breitengrades

Auf einem kleinen Kartentisch muss die Karte gefaltet werden, und die Längen- und Breitengradskalen sind evtl. nicht sichtbar. Dann bestimmt man die Position einfacher anhand eines Wegpunkts.

Was genau ist ein Wegpunkt?

Ein Wegpunkt ist ein vom Navigator ausgewählter Punkt auf der Karte. Idealerweise wird er so platziert, dass die **Position des Bootes unabhängig vom GNSS überprüft werden kann**, wenn der Wegpunkt erreicht ist. Also platziert man den Wegpunkt in der Nähe einer Navigationsmarke oder wo Landmarken oder Wassertiefen ermittelt werden können.

Eigentlich sollen die Wegpunkte zusammen eine Route bilden und das GNSS gibt während der Fahrt nacheinander die Richtung und Entfernung zu jedem einzelnen Punkt an. Die angezeigten Richtungen können natürlich nicht blind befolgt werden, da das GNSS meist keine Informationen über Wind und Gezeitenströmung hat. Die Routenfunktion kann sehr nützlich sein. Allerdings ist es schon zu Unfällen gekommen, wenn:

- ein unsicherer Wegpunkt ausgewählt wurde und man unterwegs flaches Wasser durchqueren oder Felsen überfahren musste.
- **die Längen- und Breitengrade des Wegpunkts falsch in das GNSS eingegeben wurden.**
- eine Boje, die als Wegpunkt dient, gerammt wurde. Es ist besser, den Wegpunkt in die Nähe der Boje zu setzen, insbesondere bei hoher Geschwindigkeit oder im Dunkeln.
- viele Skipper denselben Wegpunkt gewählt haben.
- Schiffsführer keine Informationen in das Logbuch eingetragen haben und dann ein Stromausfall oder Signalverlust auftrat.
- Skipper ihre Position nicht überprüft haben, sondern der Technik blind gefolgt sind.
- das GNSS nicht auf dasselbe Maßsystem eingestellt wurde wie die Karte.
- Navigatoren Gezeitenströme und Abdrift nicht berücksichtigt haben.

Das GNSS ist wirklich großartig, aber mit Vorsicht zu genießen.

Ein Wegpunkt wird auf der Karte mit einem Kreuz und einem Kästchen markiert.

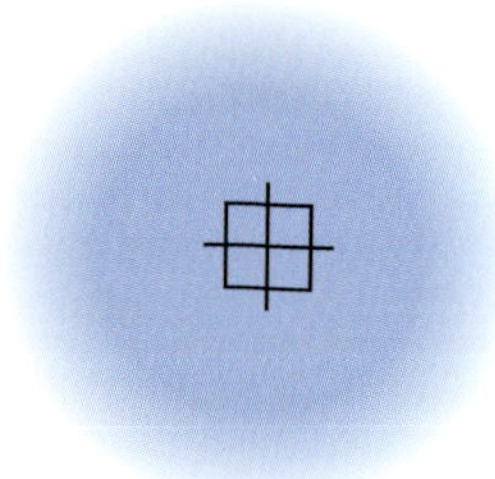

Einzeichnen einer Position mit Hilfe eines Wegpunktes

Sie können einen Wegpunkt verwenden, um Ihre Positionen schneller und einfacher einzuzeichnen als mit Längen- und Breitengrad (siehe Abbildung). Der Wegpunkt muss kein Ort auf dem Kurs sein, keine Boje oder etwas Reales. Es kann jeder Punkt sein, der geeignet und gut sichtbar ist:

- Ein Schnittpunkt von Längen- und Breitengraden lässt sich schnell in das GNSS einprogrammieren und kann als Bezugspunkt für die Positionsbestimmung verwendet werden, auch wenn er nicht genau auf dem Kurs liegt.
- Eine Tonne in der Nähe oder ein anderes Seezeichen.

Das GNSS zeigt immer die Richtung und Entfernung zum Wegpunkt an, weil es davon ausgeht, dass Sie dorthin wollen!

Einzeichnen einer Position von einem Wegpunkt aus

1. In diesem Fall beträgt die Richtung zum Wegpunkt 030° und die Entfernung 2,4 Seemeilen. Den Wegpunkt hat der Navigator ausgewählt.

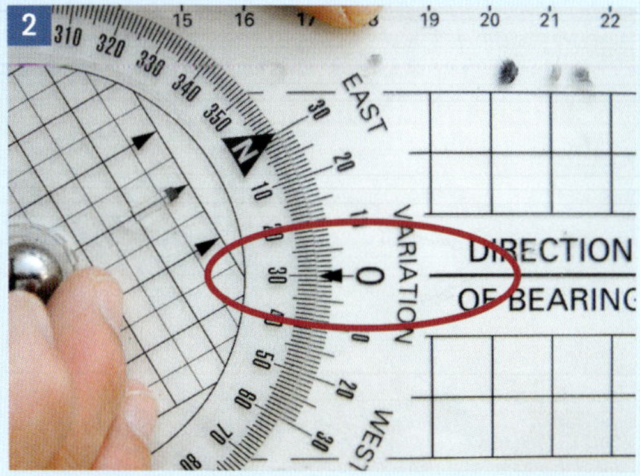

2. Auf dem Kartenlineal die Richtung zum Wegpunkt durch Drehen der Winkelscheibe einstellen, hier 030°.

3. Setzen Sie den Bleistift auf den Wegpunkt und legen das Kartenlineal an. Schieben und drehen Sie das Lineal (mit dem Bleistift als Drehpunkt), bis das Raster auf dem Winkelmesser mit den Längen- und Breitengraden auf der darunter liegenden Karte übereinstimmt und das N nach Norden zeigt.

4. Zeichnen Sie eine kurze Linie.

5. Messen Sie mit dem Stechzirkel die Entfernung zum Wegpunkt ab, hier 2,4 Seemeilen.

6. Markieren Sie die Position. Zeichnen Sie einen Kreis darum und notieren die Uhrzeit. Ein Pfeil zeigt auf den Wegpunkt.

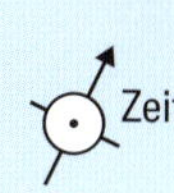

Eine Position bestimmen

Der wahre Schiffsort

Navigatoren verbringen viel Zeit am Kartentisch, um die Position des Bootes zu berechnen. Manchmal verpassen sie dabei einfache Gelegenheiten, die Position visuell zu überprüfen. Dies gilt vor allem für die küstennahe Navigation.

Das Bestimmen einer Position ohne Satellitennavigationssystem kann durch **Beobachtung** erfolgen.

- Beim Passieren einer Tonne, kann der wahre Schiffsort bestimmt werden (naja, fast, da Tonnen an ihren Ankerketten ein wenig abdriften).
- Wenn eine Tonne oder ein Objekt an Land deutlich genug zu sehen und zu identifiziert ist, kann eine **Peilung** mit einem Handpeilkompass gemacht werden. Auf der Karte ergibt diese Peilung eine Positionslinie, auf der sich das Boot irgendwo befindet. Eine Positionslinie reicht natürlich nicht aus, um die genaue Position zu bestimmen. Die Linien von zwei Peilungen kreuzen sich, es sei denn, sie verlaufen parallel oder entgegengesetzt, sodass man drei Peilungen braucht, um die Position exakt zu bestimmen. Man nennt das **Kreuzpeilung** mit drei Standlinien.
- Mit zwei eindeutig identifizierten Objekten auf der Karte, die **in einer Linie zueinander** stehen, entsteht eine **Deckpeilung**, die als Standlinie eingezeichnet werden kann, ohne dass eine Peilung erforderlich ist. Eine Standlinie reicht nicht aus. In Kombination mit einer Peilung liefert sie aber den wahren Schiffsort. Zwei Standlinien reichen diesmal aus, weil die Deckpeilung so genau ist.

Bestimmung der Position mit drei Peilungen … eine Kreuzpeilung mit drei Standlinien

1. Schauen Sie auf der Karte und in der Umgebung nach passenden Punkten für die Peilung:
   - Objekte, die klar zu sehen und eindeutig zu identifizieren sind.
   - Weiter als 30° auseinander, sodass die Standlinien sich gut schneiden.
   - Nicht 180° auseinander, sonst sind die Standlinien parallel und schneiden sich nicht.
   - Nicht zu weit entfernt, denn je länger die Standlinien, desto ungenauer die Position.
   - Objekte an Land sind zuverlässiger, da sich ihre Position nicht ändert.

2. Nehmen Sie schnell hintereinander drei Peilungen vor. Lassen Sie aber die Kompassrose zur Ruhe kommen.
3. Nehmen Sie zuletzt die Peilung querab (seitlich vom Boot) vor, denn sie ändert sich schneller.

Benutzung eines Handpeilkompasses

Kompass ans Auge halten und über die Kompassrose auf das Objekt schauen. Warten, bis sich die Rose stabilisiert hat, dann die Peilung ablesen.

4. Nach den Peilungen notieren Sie auch, wie weit das Boot in der Zwischenzeit gefahren ist (**Anzeige Log**). Manchmal ist es auch sinnvoll die Wassertiefe auf dem Echolot abzulesen.

Bevor Sie diese Peilungen auf der Karte einzeichnen können, müssen wir uns jedoch mit einem weiteren Problem befassen:

Die Kompass-Missweisung

Die Ursachen für die Missweisung liegen in der Funktionsweise des Kompasses. Auf kleinen Booten sind die meisten Kompasse magnetisch und zeigen nach Norden, weil sie das Magnetfeld der Erde nutzen. Also zeigen sie auf den **magnetischen** und nicht auf den **geografischen** Norden, die sich leider nicht an derselben Stelle befinden. Der geografische Norden liegt oben auf der Weltkugel, wo sich alle Längengrade treffen, aber der magnetische Norden liegt zwischen Kanada und Russland.

Die Missweisung:

- ist der **Winkelunterschied zwischen geografischem und magnetischem Norden angegeben in Grad.**
- Sie hängt von dem Ort ab, an dem man sich befindet.
- Sie gibt eine Abweichung nach Osten oder Westen an.
- Sie betrifft Steuer- und Handpeilkompasse gleichermaßen.
- In dem jeweiligen Gebiet sind alle Kompasse in derselben Weise betroffen. Man muss also keinen neuen kaufen!
- Sie verändert sich im Laufe der Zeit nur sehr, sehr langsam.
- Sie wird an der Kompassrose auf der Karte angegeben.

Wenn dort steht: 3°10′ **W**. 2015. (7′ **E**), dann bedeutet das, dass die Missweisung beim Druck der Karte 3°10′ **W** betrug. Dies würde für alle Berechnungen auf 3° W gerundet werden (Abb. 16). Die Angabe »(7′ E)« bedeutet, dass sich die Missweisung jedes Jahr um 7 Minuten verändert. Da 1° aus 60′ besteht, dauert es also mehr als 8 Jahre, bis sich die Missweisung um ein ganzes Grad verändert. Von einer Seite der Karte zur anderen kann die Missweisung durchaus einige Minuten unterschiedlich sein.

Um die genaue Missweisung an dieser Position zu berechnen, multiplizieren Sie 7′ mit der Anzahl der

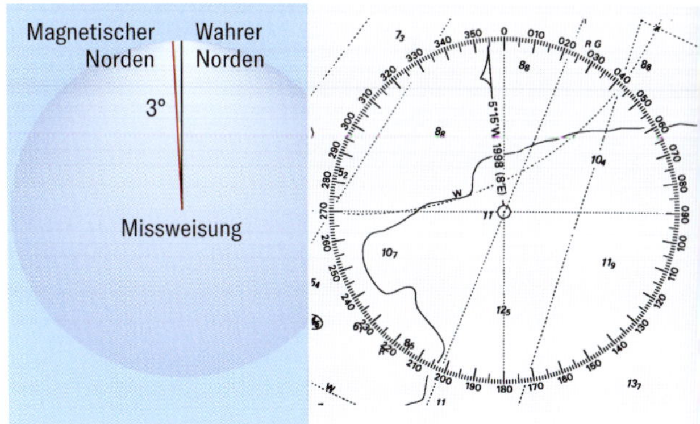

Abb. 16 Magnetischer und wahrer Norden

Jahre seit 2015 und addieren oder subtrahieren Sie diese Zahl von der Missweisung von 2015. Runden Sie dann auf das nächste ganze Grad.

Für 2025 gilt also 7′ × 10 = 70′ **E**, bzw. 1°10′ **E**
3°10′ **W** – 1°10′ **E** = 2° W

In diesem Beispiel ist die jährliche Abweichung 7′ E und wird damit von der Missweisung nach W auf der Karte **abgezogen**. Wenn Missweisung und jährliche Änderung **dieselbe** Richtung haben (E oder W), dann **addiert** man sie.

Korrigieren Sie Kompassablesungen immer um die Missweisung, bevor Sie sie in eine Karte eintragen, da Karten auf dem geografischen (wahren) Norden basieren.

Addieren oder subtrahieren Sie die Missweisung zum abgelesenen Kompasswert, je nachdem, ob die Missweisung in dem Gebiet E oder W ist.

Um die Ablesung eines **magnetischen** Kompasskurses auf der Karte korrekt mit dem wahren Kurs einzutragen:

- **subtrahieren Sie eine westliche Missweisung**
- **addieren Sie eine östliche Missweisung**

Notieren Sie den Wert ggfs. oben und unten auf der Karte, schreiben Sie ihn auf das Kurslineal oder kleben Sie ihn neben den Kartentisch. Am wichtigsten ist es, sich mit der Missweisung in Ihrer Region vertraut zu machen.

Wie zeichnet man eine Kreuzpeilung mit drei Standlinien ein:

- Korrigieren Sie die magnetischen Peilungen um die Missweisung.
- Stellen Sie auf dem Kartenlineal den Winkelmesser auf die korrigierte Gradzahl ein.
- Positionieren Sie einen Bleistift auf dem Objekt, von dem die Peilung genommen wurde, wobei der bunte Pfeil auf dem Kartenlineal darauf zeigt und N nach Norden zeigt.
- Schieben und drehen Sie das Kartenlineal (verwenden Sie den Stift als Drehpunkt), um das Raster des Winkelmessers mit den Längen- und Breitengraden auf der Karte darunter auszurichten.
- Zeichnen Sie die Peilung so exakt wie möglich ein. Zeichnen Sie nicht die volle Länge der Peilung ein, um Chaos auf der Karte zu vermeiden.
- Zeichnen Sie die anderen Peilungen ein.
- Markieren Sie jede Peilung mit einem Pfeil, der von dem Objekt weg zeigt. Markieren Sie den wahren Schiffsort mit einem Kreis.
- Schreiben Sie die Zeit daneben. Die Zeitangabe zur Postion ist der **Zeitpunkt, an dem die Peilungen gemacht wurden**, denn in dem Moment waren Sie vor Ort.

Einzeichnen einer Kreuzpeilung mit drei Standlinien

1. Peilung zur Spitze der Landzunge eintragen.

2. Peilung zum westl. Ende des Wellenbrechers eintragen.

3. Dann dritte Peilung eintragen.

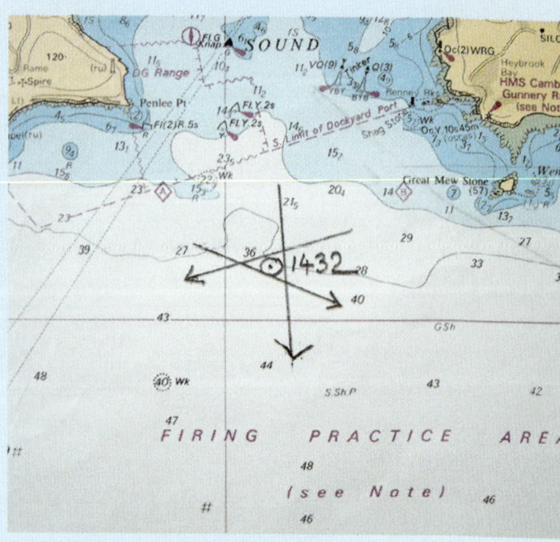

4. Das Ergebnis ist ein Dreieck.

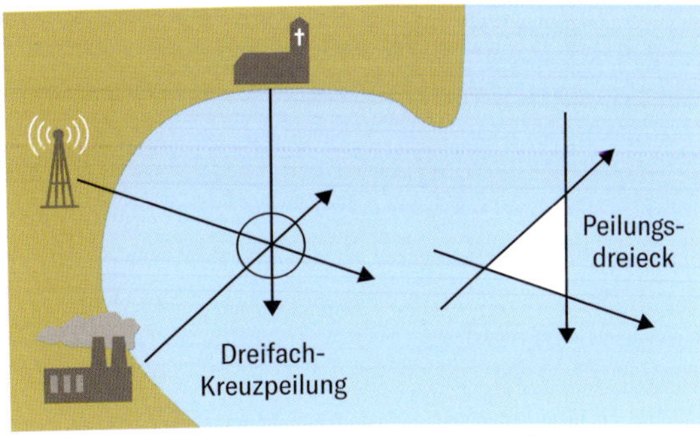

Abb. 17 **Dreifach-Kreuzpeilung mit Dreieck**

Erwarten Sie kein perfektes Ergebnis. Meist ergeben die eingetragenen Peilungen ein Dreieck. Das liegt daran, dass sich das Boot während der Peilungen fortbewegt hat und evtl. am Wellengang. Ist das Dreieck größer, überprüfen Sie Ihre Arbeit. Vergisst man, die Missweisung zu beachten, wird das Dreieck z. B. sehr groß.

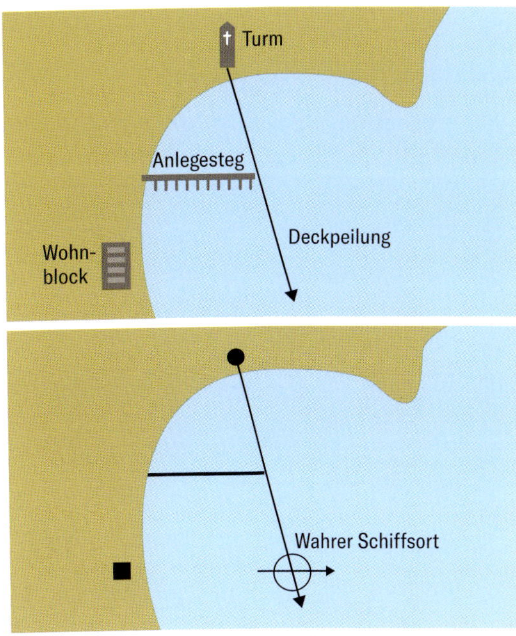

Abb. 18 **Position durch Deck- und Kreuzpeilung**

Position durch Mehrfachpeilung

Zwei Objekte, deren Peilungen sich decken, führen zu einer Standlinie, die man in die Karte einzeichnen kann. Da braucht man nicht rechnen, einfach einzeichnen. Eine weitere Peilung, die um die Missweisung korrigiert werden muss, führt zu einem wahren Schiffsort (Abb. 18). Das funktioniert schnell und sauber.

Bestimmung des wahren Schiffsortes mittels Deckpeilung

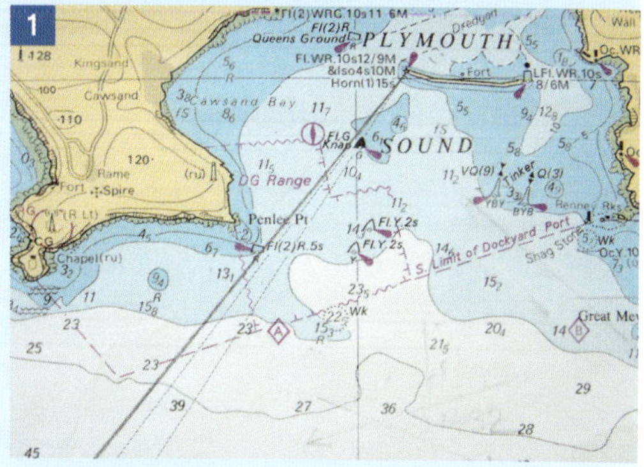

1. Der Wellenbrecher und eine Tonne bilden eine Deckpeilung.

2. Peilung zur Landspitze hinzufügen.

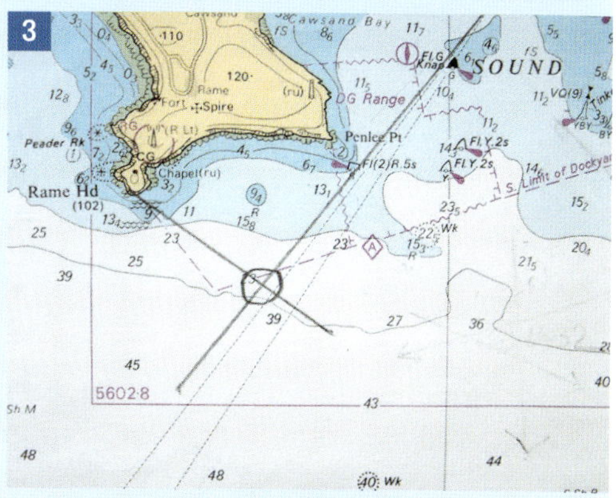

3. Das ergibt den wahren Schiffsort. Jede Peilung mit einem Pfeil markieren.

Eine Position bestimmen

Das Koppeln

Fernab vom Land, insbesondere ohne GNSS, kann die Positionsbestimmung viel schwieriger sein, und die Navigatoren müssen ihre Position mithilfe von Instrumenten und schriftlichen Aufzeichnungen ermitteln, z. B. mit einem:

- Steuerkompass, der die **Richtung** anzeigt, in die das Boot fährt.
- Log zur Messung der zurückgelegten **Strecke**.
- Logbuch, in dem diese Informationen in regelmäßigen Abständen aufgezeichnet werden.

In den Anfängen der Navigation waren die Messungen noch grob, aber auch bei modernen Instrumenten muss die Genauigkeit überprüft werden.

Ein **Kompass** kann wegen magnetischer Einflüsse an Bord, die eine **Ablenkung** verursachen, ungenau sein. Kabel, Mobiltelefone, Lautsprecher, Batterien, Leuchtsignale, der Motor oder sogar der Kiel können eine ungenaue Kompassanzeige verursachen, wenn sie sich zu nah am Kompass befinden.

Ein **Log** kann zu wenig anzeigen oder sogar stehen bleiben, wenn der Impeller durch Seegras blockiert wird. Eine zu niedrige Anzeige ist besonders gefährlich, weil das Boot schon auf die Gefahrenstelle treffen kann, bevor sie erwartet wird. Die meisten Instrumente zeigen die Fahrt durchs Wasser (Geschwindigkeit) und die gesamte zurückgelegte Strecke an. Meist gibt es auch eine Anzeige für den jeweiligen Törn, die zu Beginn der Fahrt auf Null gestellt werden kann, was das Rechnen einfacher macht.

Koppelt man die gesegelte **Richtung** und die zurückgelegte **Distanz**, erhält man eine ungefähre Position. Fährt man z. B. mit verminderter Sicht, ist das Koppeln die einzige Möglichkeit den Schiffsort annähernd zu bestimmen. Die Daten, die man zum Koppeln benutzt, sind leicht einzutragen, geben aber keine Position, die so genau ist, wie die eines GNSS oder eine dreifache Kreuzpeilung, weil folgende Details nicht beachtet werden:

- Gezeitenströmungen, die das Boot in die Strömungsrichtung versetzen können.
- Abdrift durch den Wind, die das Boot seitlich versetzen kann.

Aber wenn man Gezeitenströme und Abdrift einbezieht oder die Position durch eine andere Methode festlegt, sobald dies möglich ist, ist das schon mal ein Anfang.

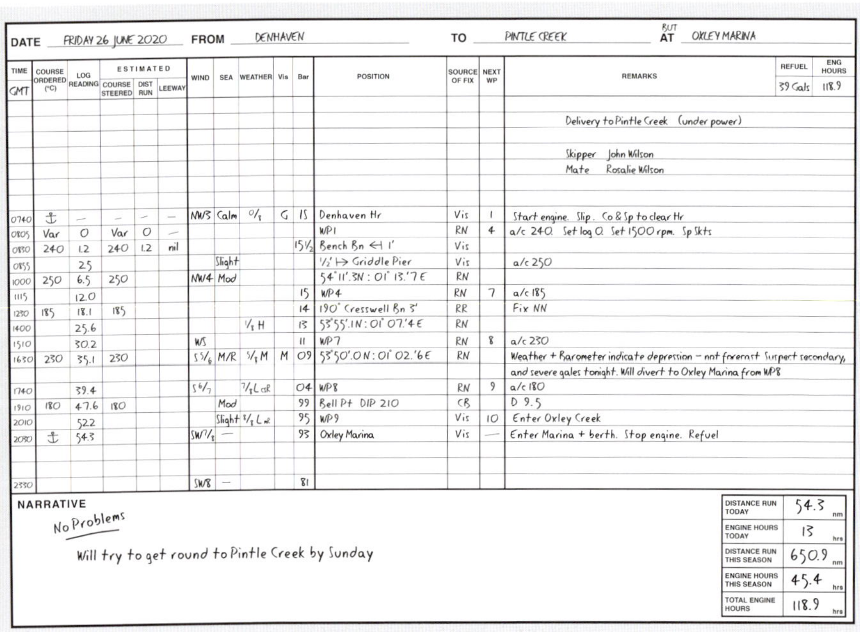
DATE FRIDAY 26 JUNE 2020 FROM DENHAVEN TO PINTLE CREEK BUT AT OXLEY MARINA

REFUEL: 39 Gals — ENG HOURS: 118.9

TIME GMT	COURSE ORDERED (°C)	LOG READING	ESTIMATED COURSE STEERED	ESTIMATED DIST RUN	ESTIMATED LEEWAY	WIND	SEA	WEATHER	Vis	Bar	POSITION	SOURCE OF FIX	NEXT WP	REMARKS
														Delivery to Pintle Creek (under power)
														Skipper John Wilson
														Mate Rosalie Wilson
0740	⚓	–	–	–	–	NW3	Calm	0/8	G	15	Denhaven Hr	Vis	1	Start engine. Slip. Co & Sp to clear Hr
0805	Var	0	Var	0	–						WP1	RN	4	a/c 240. Set log 0. Set 1500 rpm. Sp 5kts
0830	240	1.2	240	1.2	nil					15½	Bench Bn ⇽ 1'	Vis		
0855		2.5					Slight				½' ↦ Griddle Pier	Vis		a/c 250
1000	250	6.5	250			NW4	Mod				54°11'.3N : 01° 13.'7E	RN		
1115		12.0								15	WP4	RN	7	a/c 185
1230	185	18.1	185							14	190° Cresswell Bn 3'	RR		Fix NN
1400		25.6						1/8 H		13	53°55'.1N : 01° 07.'4E	RN		
1510		30.2				W5				11	WP7	RN	8	a/c 230
1630	230	35.1	230			S5/6	M/R	5/8 M	M	09	53°50'.0N : 01° 02.'6E	RN		Weather + Barometer indicate depression – not forecast. Suspect secondary,
														and severe gales tonight. Will divert to Oxley Marina from WP8
1740		39.4				S6/7		7/8 L cR		04	WP8	RN	9	a/c 180
1910	180	47.6	180				Mod			99	Bell Pt DIP 210	CB		D 9.5
2010		52.2					Slight	8/8 L R		95	WP9	Vis	10	Enter Oxley Creek
2030	⚓	54.3				SW7/8	–			93	Oxley Marina	Vis	–	Enter Marina + berth. Stop engine. Refuel
2330						SW8	–			81				

NARRATIVE
No Problems
Will try to get round to Pintle Creek by Sunday

DISTANCE RUN TODAY	54.3 nm
ENGINE HOURS TODAY	13 hrs
DISTANCE RUN THIS SEASON	650.9 nm
ENGINE HOURS THIS SEASON	45.4 hrs
TOTAL ENGINE HOURS	118.9 hrs

Logbuch für Segeltörns, herausgegeben von Fernhurst Books

Das Führen eines Logbuchs

Die Aufzeichnung der navigatorischen Details einer Passage ist äußerst wichtig. Sowohl der gesteuerte Kurs als auch Kursänderungen, Ablesungen des Logs und GNSS-Positionen müssen notiert werden. Viele Skipper notieren auch Details zur Windstärke und -richtung, die auf dem Echolot angezeigte Tiefe, Barometerwerte, Motorwerte und sogar Ereignisse wie Wachwechsel, Segelwechsel oder die Sichtung von Delfinen.

Man kann ein liniertes Notizbuch verwenden, aber es gibt auch gedruckte Logbücher für verschiedene Bootstypen. Sie veranlassen den Navigator, alle wichtigen und nützlichen Details einzutragen.

PASSAGE PLAN FROM Weymouth **TO** Newtown River, IoW **DATE** 2nd June

Distance approx 42' = 7hrs at 6kn	**ROUTE:**	**CRSE(M)**	**DIST**	**CHECKED**
Critical factors: tidal stream at St Albans Hd, Anvil Pt and Hurst	WEYMOUTH			
Possible diversions: Poole, Yarmouth IoW or Lymington.		103°	15'	YES
CHARTS: 5601.4, 5601.5, 5600.4, 5600.5.	ST ALBANS			
SAILING DIRECTIONS: Shell Channel Pilot.		089°	4.1'	YES
TIDAL STREAMS: Ref port Dover, HW 0443 & 1706, Range	ANVIL PT			
3.6m (neaps). Stream turns fair at St Albans at 1030, foul at		074°	13'	YES
Newtown at 1600. Tidal streams weak in Weymouth Bay.	NEEDLES			
TIDAL HEIGHTS (not critical)		051°	4.2'	YES
Weymouth 0501 0.6m 1154 1.3m	HURST			
Poole LWs 1004 1.0m 2137 1.2m		070°	1.3'	YES
Portsmouth 1019 1.6m 1725 4.0m	YARMOUTH			
Corrections -18 -0.3m -09 -1.1m		072°	3.0'	YES
Newtown 1001 1.3m 1716 2.9m	HAMSTEAD			
WAYPOINTS:		124°	0.9'	YES
WEYENT 50° 36'.6 N 02° 26'.4 W	NEWTOWN			
STALB 50° 34'.4 N 02° 03'.3 W	**WAYPOINTS** for diversion or change of route:			
ANVPT 50° 34'.8 N 01° 56'.9W	POOLE 50° 39'.0 N 01° 54'.5 W			
NEEDLE 50° 39'.4 N 01° 37'.1 W	NORCHA 50° 42'.6 N 01° 35'.4 W			
HURST 50° 42'.25N 01° 32'.3 W	**TIMINGS:** Pass St Albans 1030, therefore depart Weymouth 0700			
YARM 50° 42'.8 N 01° 30'.4 W	Pass Needles 1330, Hurst 1415, arrive Newtown 1515.			
HAMLED 50° 43'.95N 01° 26'.0 W	**WEATHER FORECAST.** Issued at 011730, SW 4-5, Fair, Good.			
NEWTN 50° 43'.5 N 01° 24'.75W	If wind >F6 enter Solent through North Channel, not Needles.			

Aus dem Logbuch für GPS-Navigation, erschienen bei Fernhurst Books. Kleiner und kompakt – perfekt für einen Kartentisch.

Einzeichnen einer gekoppelten Position

- Korrigieren Sie den magnetischen Steuerkurs um die Missweisung und andere Ablenkungen.
- Stellen Sie das Kurslineal auf den korrigierten Kurs ein.
- Setzen Sie den Bleistift auf die letzte Position und legen das Kartenlineal an.
- Schieben und drehen Sie das Lineal (mit dem Bleistift als Drehpunkt), bis das Raster auf der darunter liegenden Karte übereinstimmt und N nach Norden zeigt.
- Zeichnen Sie eine Linie in Fahrtrichtung, wie durch den Pfeil auf dem Plotter angezeigt, und markieren diese mit einer **Pfeilspitze**.
- Markieren Sie die zurückgelegte Strecke anhand der Differenz zur letzten Ablesung des Logs.
- Markieren Sie die Position mit einem Strich und schreiben die Zeit daneben.

Es ist wirklich so einfach (wie auf der nächsten Seite zu sehen).

Eine zusätzliche Peilung oder die GNSS-Daten erhöhen die Genauigkeit der gekoppelten Position.

Achtung: Bei mehreren gekoppelten Positionen hintereinander addieren sich die Ungenauigkeiten.

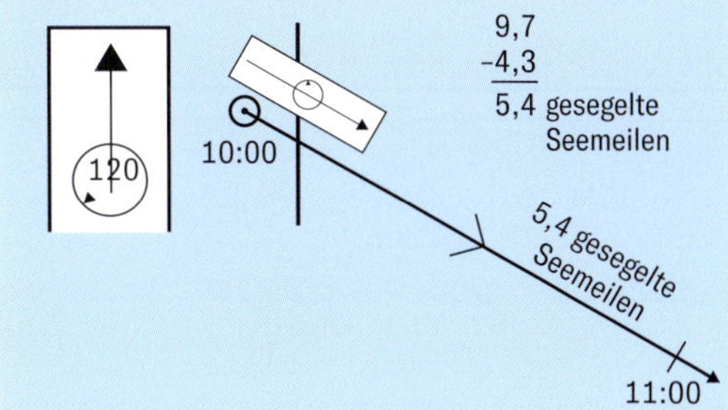

Uhrzeit	Log	KK [Kompasskurs]	
09:00	0	140°	Ablegen
10:00	4,3	120°	Wahrer Schiffsort
11:00	9,7	120°	Gekoppelte Position

Gefahrene Seemeilen
+
Kurs
=
Gekoppelte Position

Abb. 19 Notieren der gekoppelten Position

Wenn das Boot den Kurs ändert, muss im Logbuch Folgendes vermerkt werden:

- Der neue Kurs
- Die Uhrzeit der Änderung
- Die Ablesung des Logs, damit die seit der letzten Position zurückgelegte Strecke berechnet werden kann.

Gewöhnlich werden Informationen stündlich, alle paar Stunden oder bei jeder Kursänderung in ein Logbuch eingetragen und die Position gleichzeitig auf der Karte eingezeichnet.

Einzeichnen der gekoppelten Position

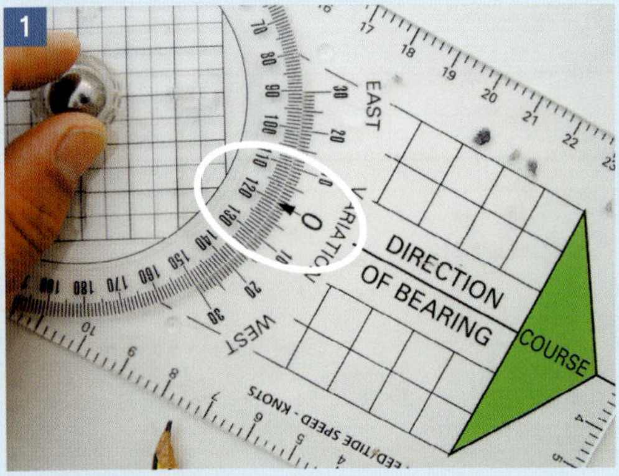

1. Stellen Sie den Kurs in Grad auf der Winkelscheibe ein (hier 120°)

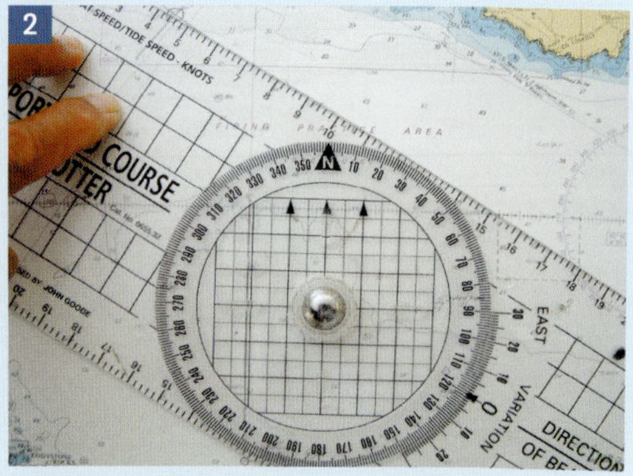

2. Richten Sie das Kurslineal an der letzten Position auf der Karte aus.

3. Zeichnen Sie den gesteuerten Kurs von der letzten Position aus ein.

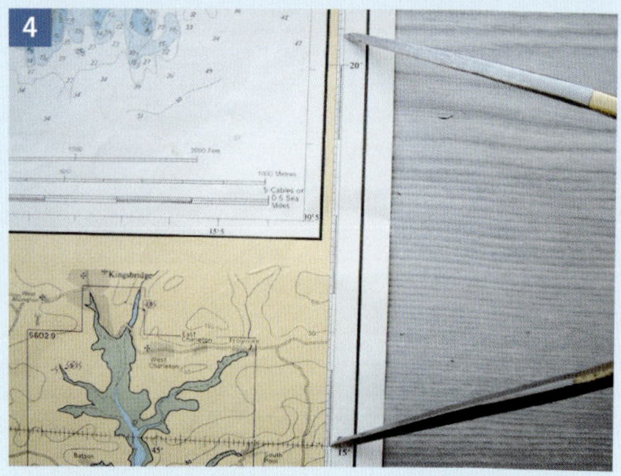

4. Rechnen Sie anhand des Logs die gefahrene Distanz aus. Stellen Sie den Stechzirkel an der Breitengradskala auf diese Distanz ein.

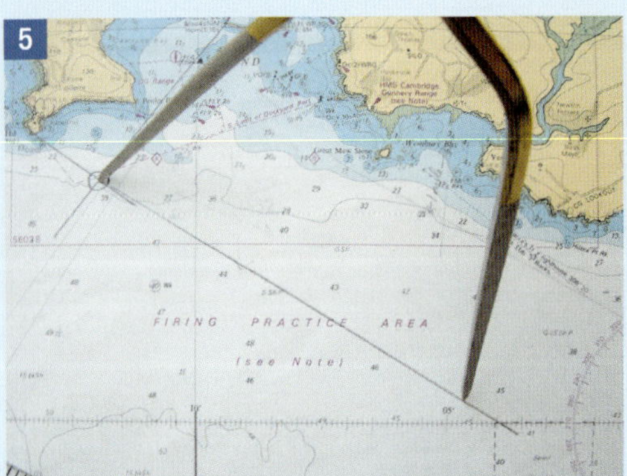

5. Messen Sie die Distanz an dem gesteuerten Kurs ab.

6. Markieren Sie die Position mit einem Strich. Dann schreiben Sie die Zeit daneben.

Uhrzeit	Log	KK°	
09:00	0	140°	
10:00	4,3	120°	Wahrer Schiffsort
11:00	9,7	120°	Gekoppelte Position
11:30	12,6	120°	Kursänderung auf 100°
12:30	18,2	100°	Gekoppelte Position

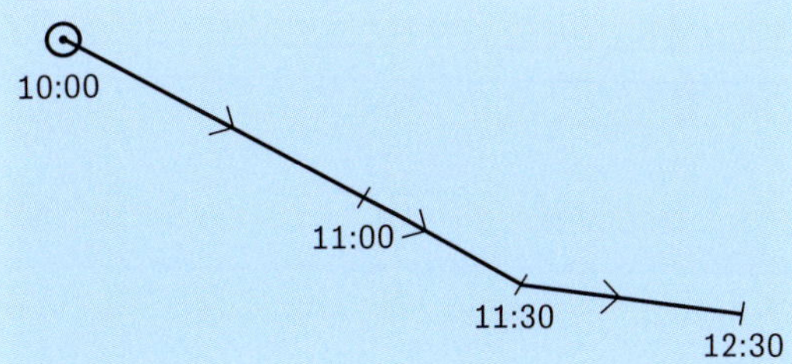

Abb. 20 Notieren einer Kursänderung

Die Abdrift

Abdrift ist die Wirkung des Windes auf das Boot. Sie beschreibt, um wie viel Grad das Boot von seinem beabsichtigten Kurs abgewichen ist. Manchmal sind das 5°, 10° oder mehr. Sie ist schwer zu messen und es gibt keine Tabellen, wo man sie ablesen kann.

Sie ist abhängig von:

- Der Rumpfform des Bootes unterhalb der Wasserlinie – ein langer Kiel hilft, seitliche Abdrift zu verringern.
- Die Form des Bootes oberhalb der Wasserlinie – je höher der Aufbau, desto mehr Abdrift entsteht.
- Die Fahrt durchs Wasser – die Geschwindigkeit nach vorn hilft, den Effekt zu verringern.
- Der Kurs des Bootes im Verhältnis zur Windrichtung.
- Und bei einem Segelboot …
  … wie gut es gesegelt wird!

Der Skipper muss die Abdrift des Bootes schätzen und sie berücksichtigen, **bevor er die Position auf der Karte einträgt.** Manche sagen, dass es bei der Einschätzung der Abdrift hilft, wenn man sich die Heckwelle ansieht – also den Winkel, den die Welle hinter dem Boot bildet – und vielleicht mit einem Handpeilkompass peilt. Aber ich bin davon nicht überzeugt.

Diese Dehler 37 segelt gut vorwärts, aber sie driftet auch auf die Kamera zu.

Schätzungen basieren größtenteils auf Erfahrung und vielleicht auch auf Pessimismus. Ein Satellitennavigationssystem kann jetzt helfen.

Wichtig ist, Folgendes nicht zu vergessen:

- Addieren oder subtrahieren Sie die geschätzte Abdrift vor dem Eintragen in die Karte.
- Der Wind treibt das Boot vom geplanten Kurs ab, also rechnen Sie die Abdrift bei **raumem** Kurs ein – das heißt, weg vom Wind.

Addieren / subtrahieren der Abdrift vor dem Einzeichnen in der Karte

Abdrift vor dem Wind einberechnen

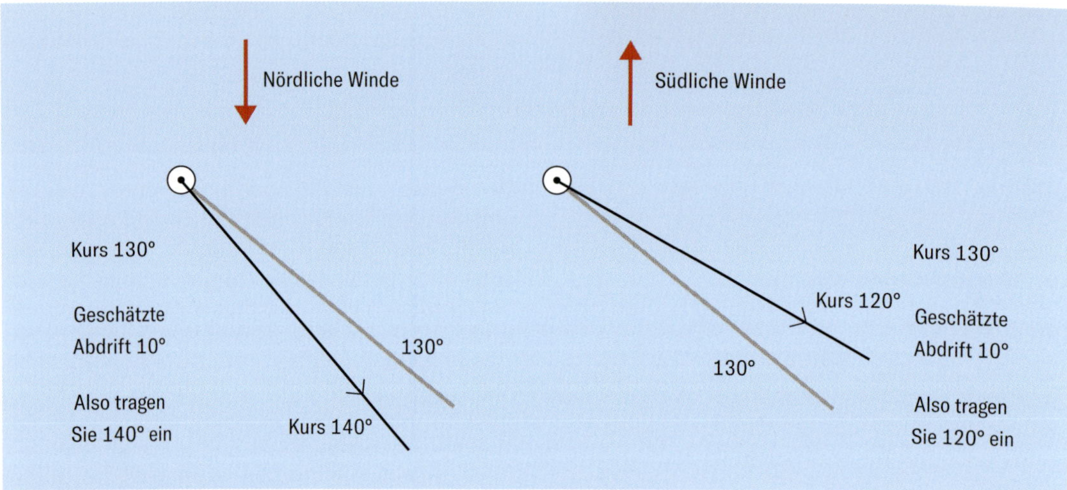

Abb. 21 Einzeichnen der Abdrift

Unterschiedliche Boote werden unterschiedlich viel abgetrieben.

Eine Position bestimmen

Die geschätzte Position (EP)

Die gekoppelte Position ist ungenau, weil sie den **Gezeitenstrom** (TS) nicht einbezieht. Der Gezeitenstrom kann berechnet und der Zeichnung hinzugefügt werden, um eine **geschätzte Position (EP)** zu erhalten.

Die geschätzte Position wird so angezeigt:

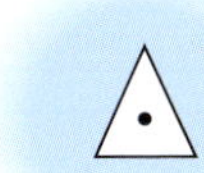

Einzeichnen einer EP

- Koppeln Sie Ihre Position zunächst.
- Von der gekoppelten Position zeichnen Sie eine Linie, die die Richtung und Stärke des Gezeitenstroms darstellt.

Uhrzeit	Log	KK°		TS
09:00	0	140°	Ablegen	170°
10:00	4,3	120°	Wahrer Schiffsort	1 Knoten
11:00	9,7	120°	Gekoppelte Position	

Die Informationen zu den Tidenströmungen werden immer **stündlich, in Grad und in die Richtung angegeben, in die sie sich bewegen**. Das bedeutet, dass die Tide das Boot in die Richtung 170° und mit 1 Knoten (Abb. 22) versetzt. **Ein Knoten ist eine Seemeile pro Stunde.**

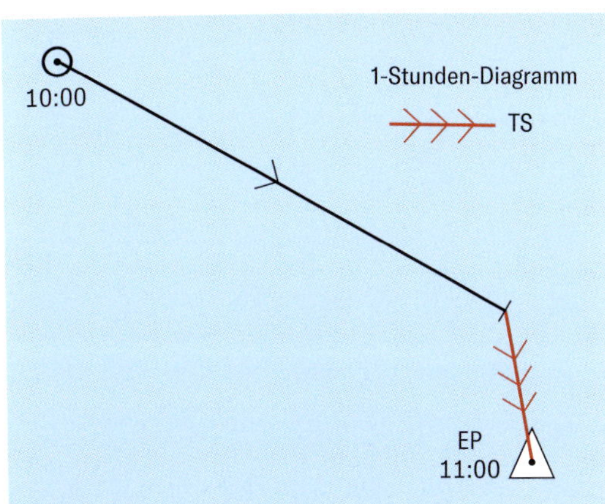

Abb. 22 Auswirkung des Gezeitenstroms

Wenn die geschätzte Position für 10:30 Uhr berechnet wird, dann trägt der Skipper die gekoppelte Position normal ein, aber nur die Hälfte des Tidenstroms, denn die Abdrift wirkt nur 30 Minuten auf das Boot (Abb. 23).

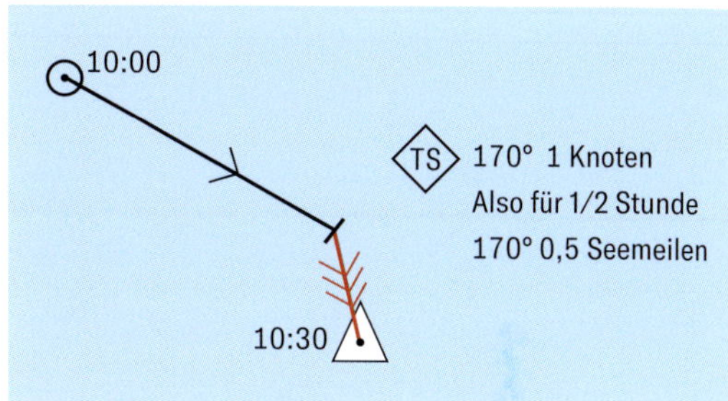

Abb. 23 Abdrift durch Tide für 30 Minuten

Zeichnen Sie immer erst die gekoppelte Position (DR), dann den Tiden-Versatz (TS). Das ergibt die geschätzte Position (EP).

DR + TS = EP

Eine EP kann nach einer Stunde oder nach mehreren Stunden eingezeichnet werden, wenn sich das Boot auf offener See befindet.

Sie kann bei einer Kursänderung eingezeichnet werden, oder an den Wendepunkten, wenn eine Segelyacht kreuzt. Zeichnen Sie den Kurs und die zurückgelegte Strecke ein und dann am Ende die Tidenströmung. Wichtig ist, dass die eingezeichnete Tidenströmung insgesamt im Verhältnis zur Fahrzeit des Bootes steht. In den meisten Fällen ändern sich Richtung und Geschwindigkeit des Tidenstroms stündlich. Das ist kein Problem, man kann sie einfach am Ende zusammenfassen, aber das ist nur auf offener See sicher. Es wird empfohlen, die EP regelmäßig zu überprüfen, da es sich nur um eine ungefähre Position handelt.

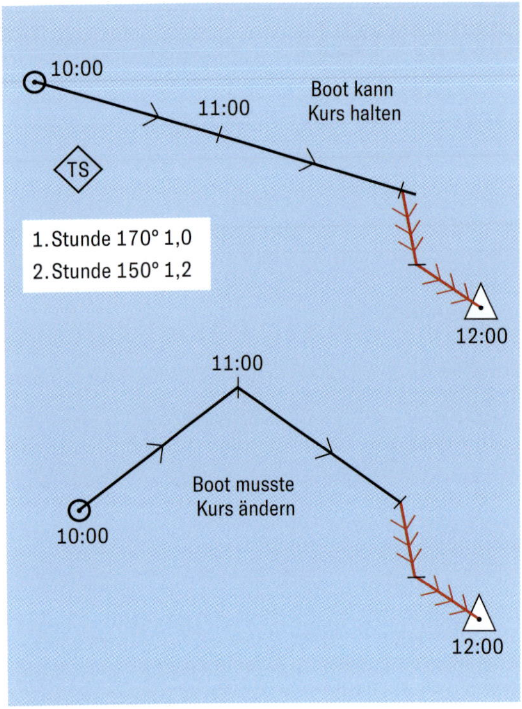

Abb. 24 EP nach 2 Stunden

Sobald der Kurs auf der Karte eingezeichnet ist, sieht man das Ergebnis der Fahrt in eine Richtung, während die Tidenströmung das Boot seitwärts abgetrieben hat. Daran sieht man, wieviel Einfluss die Tidenströmung auf die Geschwindigkeit und die Fahrtrichtung des Bootes hat.

Der eingezeichnete Kurs kann sehr verschieden aussehen, je nach Richtung der Strömung und gefahrenem Kurs (Abb. 25).

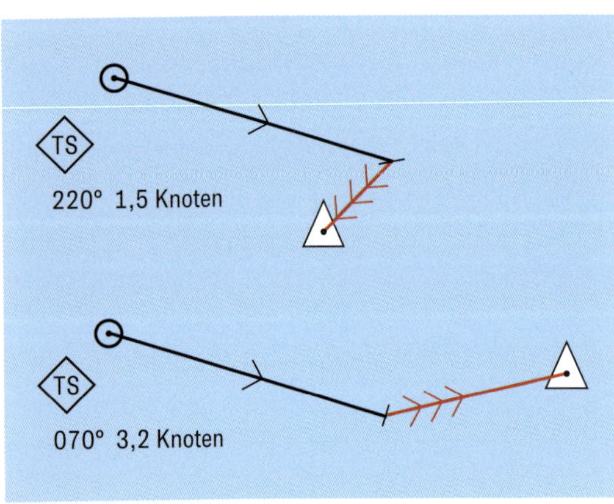

Abb. 25 Wirkung verschiedener Tidenströmungen

Kurs über Grund (KüG)

Hat das Boot die Tonne im Norden oder Süden passiert (Abb. 26)?

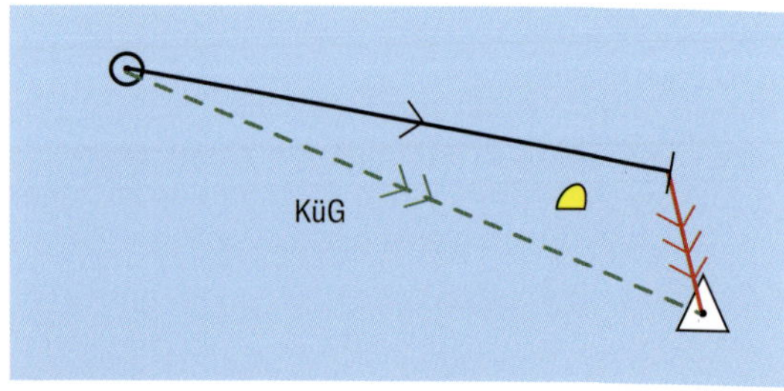

Abb. 26 Kurs in der Nähe einer Tonne

Antwort: Von der gekoppelten Position zur EP südlich. Der KüG wird hier mit einer gestrichelten Linie angezeigt.

Fahrt über Grund (FüG)

Sehen Sie sich Abbildung 22 nochmal an. Sie zeigt den wahren Schiffsort um 10:00 Uhr und dann um 11:00 Uhr die EP. Obwohl das Log eine zurückgelegte Strecke von 5,4 sm aufzeichnet, liegen die Ausgangsposition und die EP mehr als 5,4 Seemeilen auseinander. Das liegt daran, wie die gefahrene Distanz und Geschwindigkeit vom Log aufgezeichnet werden.

Die meisten Logs messen die Geschwindigkeit und die Entfernung mithilfe eines Flügelradgebers, der am Rumpf angebracht ist, und zeigen sie auf dem Display in Knoten an (ein Knoten entspricht einer Seemeile pro Stunde). Während sich das Flügelrad dreht, misst das Log die Geschwindigkeit durch das Wasser, aber es kann nicht die Auswirkungen des Tidenstroms anzeigen. Der Tidenstrom kann die Geschwindigkeit erhöhen oder verringern, und Abbildung 27 zeigt dies. Die Zeichnung zeigt, wie schnell das Boot wirklich über Grund fährt, das kann das Log nicht.

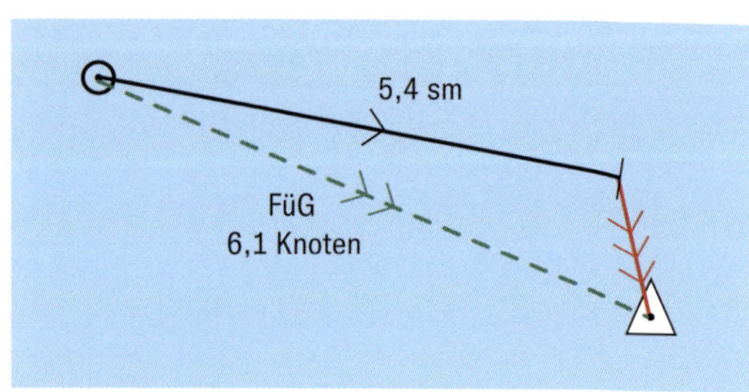

Abb. 27 Fahrt über Grund

Ohne eine entsprechende Zeichnung ist die FüG meist nicht offensichtlich, aber der Unterschied gerade bei langsamer Fahrt ist beeindruckend.

Daher ist es so wichtig, jederzeit zu wissen, wie sich die Tidenströmungen auf das Boot auswirken, also die Geschwindigkeit der Gezeiten sowie ihre Richtung. Das gilt insbesondere für relativ langsame Segelyachten. Mit dem Tidenstrom entlang der Küste zu fahren, macht einen großen Unterschied für die Crew. Gegen die Strömung zu fahren, ist wie auf einer Rolltreppe gegen die Fahrtrichtung zu laufen. Man kann ankommen, aber es geht nicht schnell.

Stellen Sie sich zwei Yachten vor, die mit 4 kn bei einem Tidenstrom von 2 kn segeln. Die eine segelt die Küste rauf, die andere runter (Abb. 28).

Beide Yachten fahren 4 kn durchs Wasser, das Log zeigt bei beiden 4 kn an. Auf beiden Yachten fühlt es sich an, als würden sie mit derselben Geschwindigkeit fahren. Allerdings erreicht die eine Crew viel eher den Hafen. Fahren Sie also nicht einfach nach dem Frühstück los. Prüfen Sie den Tidenstrom und legen zur günstigsten Zeit ab.

All dies bedeutet, dass es möglich ist, einen Hafen anzusteuern, der 30 Seemeilen entfernt liegt, aber im Logbuch wird angezeigt, dass das Boot nur 25 Seemeilen durch das Wasser gefahren ist, um dorthin zu gelangen. Umgekehrt muss die Crew auf dem Boot, auf dem der Skipper nicht gut plant, möglicherweise eine größere Strecke durch das Wasser fahren, als die Gesamtstrecke auf der Karte beträgt.

Eine schnelle Motoryacht hat nicht so sehr Probleme mit der Fahrt über Grund. Trotzdem sollte auch dieser Skipper die Gezeiten kennen. Wenn der Tidenstrom in dieselbe Richtung läuft wie der Wind, ist das Wasser ruhiger, man kann schneller fahren und verbraucht weniger Diesel.

Ein Satellitennavigationssystem ist besonders nützlich, da es die Fahrt über Grund (FüG) berechnen und auf dem Display anzeigen kann. Dies liegt daran, dass es seine Position alle paar Sekunden aktualisiert.

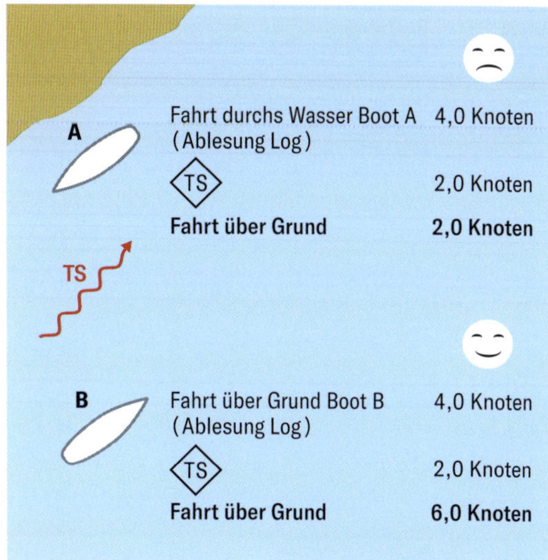

Abb. 28 Mit dem Strom oder gegen den Strom

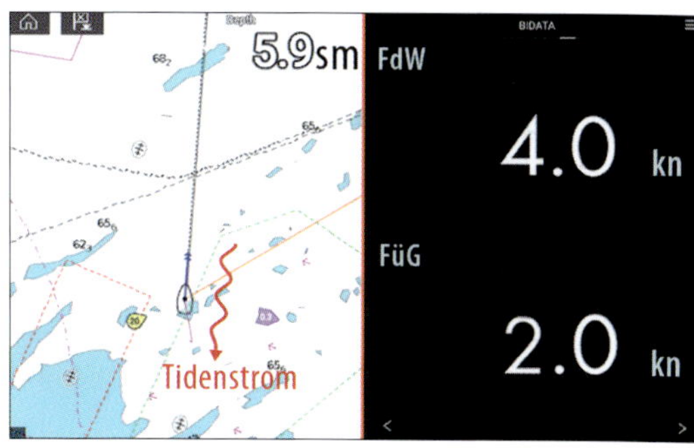

Boot A segelt gegen den Tidenstrom, der mit 2 kn setzt.

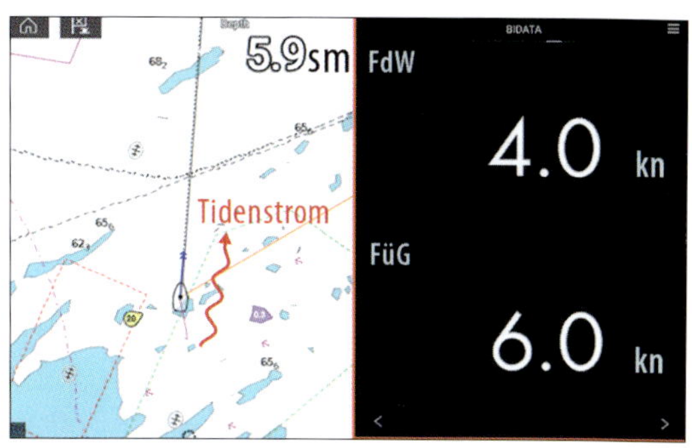

Boot B segelt mit dem Tidenstrom, der mit 2 kn setzt.

Ein GNSS zeigt die Fahrt durchs Wasser und über Grund an.

Ein Blick auf die Gezeiten

Einleitung

Ohne Gezeiten wäre die Navigation so einfach. Sie verursachen eine vertikale Bewegung des Wassers, die zu Veränderungen der Tidenhöhe führt, sowie eine horizontale Bewegung des Wassers, die wir Tidenströme nennen.

Ohne Gezeiten/Tiden:

- Wäre eine EP unnötig, denn die gekoppelte Position wäre genau.
- Passagen an der Küste wären jederzeit möglich.
- Die Richtung zum nächsten Seezeichen könnte an der Karte abgelesen und einfach gesteuert werden, weil es keine Abdrift durch Strömungen gäbe.
- Die Wassertiefe über Felsen und Sandbänken wäre immer diesselbe.
- Die Wassertiefe könnte auf der Karte abgelesen werden.
- Die Karte würde zeigen, ob an einer Hafeneinfahrt oder Flussmündung genügend Wassertiefe herrscht.
- Beim Ankern müsste man nicht auf Veränderungen der Wassertiefe achten. Der Anker würde sich bei zu kurzer Ankerkette/-leine nicht verziehen.
- Das Boot würde an einer Muring nie auf Grund laufen, weil der Wasserstand nicht fiele.

Diese Liste reicht schon aus, um zu zeigen, dass die Gezeiten Einfluss auf alle Bereiche haben.

Entstehung der Gezeiten

Die Anziehungskraft von Mond und Sonne auf das Wasser verursacht die Gezeiten, und ihre relativen Positionen am Himmel erzeugen die Muster im Verhalten der Gezeiten.

Da sich die Erde innerhalb von 24 Stunden einmal um sich selbst dreht, erleben wir zwei Hochwasser und zwei Niedrigwasser, die etwa 6,25 Stunden auseinander liegen. Die Sonne steht manchmal in einer Linie mit dem Mond und manchmal genau entgegengesetzt, was dazu führt, dass einige Hochwasser viel höher sind als andere **(Abb. 29)**.

Solche höheren Tiden treten alle zwei Wochen auf und werden Springfluten genannt. Die Springtide hat einen höheren Wasserstand bei Flut und einen niedrigeren bei Ebbe. Zwischen den Springfluten liegen die Nipptiden, bei denen das Hochwasser weniger hoch und das Niedrigwasser weniger niedrig ist. Spring- und Nipptiden treten das ganze Jahr über im Abstand von etwa einer Woche auf, aber ihre Stärke variiert. Die dramatischsten Springtiden des Jahres treten im März und September zur Tagundnachtgleiche auf.

Der Arun Yacht Club bei Hochwasser ...

... und bei Niedrigwasser.

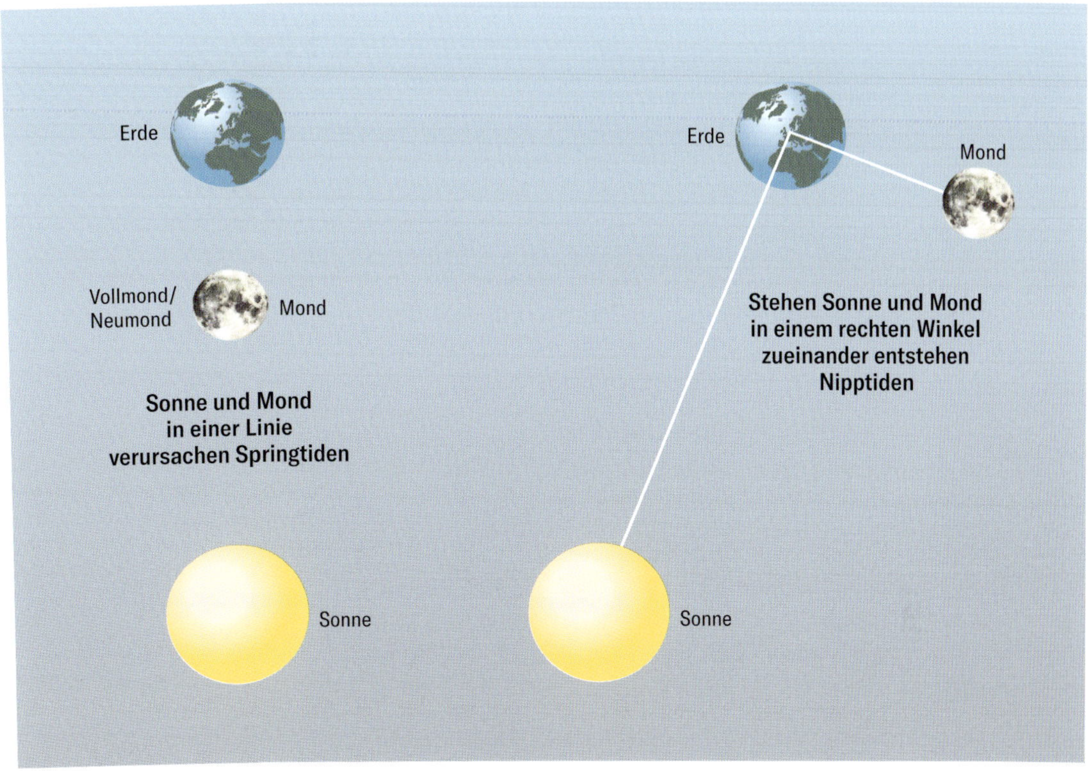

Abb. 29 Die Stellung der Sonne und des Mondes beeinflusst die Gezeiten.

Ich habe Leute sagen hören: »Es ist Springflut diese Woche.« Das ist genauso absurd wie: »Es ist Montag diese Woche.« Die Gezeiten bewegen sich allmählich von Nipptiden zu Springtiden und dann wieder zurück in einem natürlichen Zyklus. Jeden Tag nimmt die Flut etwas zu, bis sie einen Höchststand erreicht und dann wieder abnimmt.

Beim Thema Gezeiten tauchen viele neue Begriffe auf. Es ist sinnvoll, sich gleich über deren Bedeutung zu informieren.

Tidenhub: Der Tidenhub ist der Unterschied zwischen Flut und Ebbe. Der Tidenhub sagt uns zuverlässig, ob es sich um eine Spring- oder Nipptide handelt. Hierzu vergleicht man ihn mit dem mittleren Tidenhub für Spring- und Nipptiden am Bezugsort.

Tidenhub = Wasserstand Flut – Wasserstand Ebbe

Springtiden: Springtiden gibt es immer zwei Tage nach Voll- oder Neumond. Hierbei sind die Wasserstände von Flut sehr hoch und von der Ebbe sehr niedrig, somit ist der Hub am größten. Die Gezeitenströme sind auch am stärksten, weil mehr Wasser ein- und ausströmt, aber der zeitliche Abstand zwischen Hochwasser und Niedrigwasser ist derselbe.

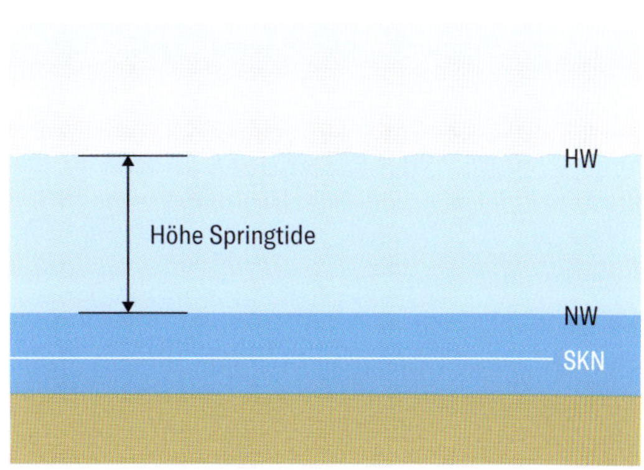

Abb. 30 Der Tidenhub

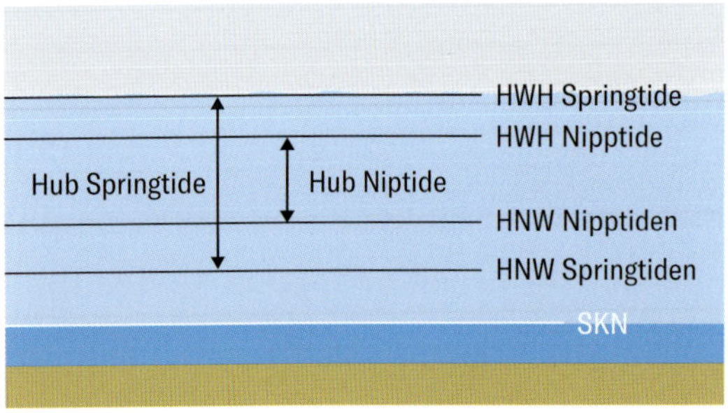

Abb. 31 Tidenhub bei Spring-/Nipptiden

Nipptiden: Bei Nipptiden ist der Wasserstand bei Ebbe und Flut weniger hoch bzw. niedrig, d. h. der Hub ist geringer. Die Gezeitenströmungen sind auch schwächer.

Seekartennull: Das Seekartennull (SKN) ist der Referenzwert auf Seekarten, von dem aus Wassertiefen und trockenfallende Höhen gemessen werden. Der SKN ist der niedrigste Wasserstand, der unter normalen Bedingungen erwartet wird, und ist daher der niedrigste Gezeitenwasserstand (LAT oder NGzW).

Trockenfallende Höhen: Dies ist die Höhe, um die ein Felsen, eine Wattfläche oder Sandbank über das Seekartennull hinaus trockenfällt oder herausragt. Obwohl sie über dem Seekartennull liegen, sind sie nicht immer über Wasser. Die Bereiche sind in Seekarten grün schattiert und die trockenfallenden Höhen sind unterstrichen. Obwohl auf der Karte gut zu sehen, sind sie für den Navigator auf See nicht immer sichtbar, da das Gebiet manchmal von Wasser bedeckt ist.

Kartentiefe: Die Kartentiefe oder Lotungen sind die schwarz geschriebenen Zahlen auf der Seekarte. Die Kartentiefe bezieht nicht die Gezeiten mit ein, daher ist die Wassertiefe meist größer als angegeben.

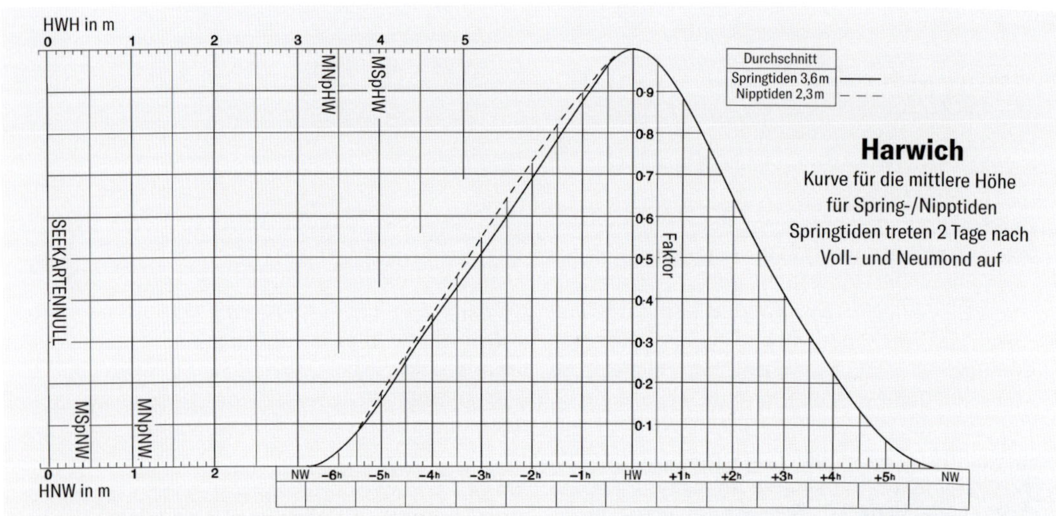

Abb. 32 Die Gezeitenkurve für Harwich zeigt den mittleren (durchschnittlichen) Tidenhub für Spring- und Nipptiden.

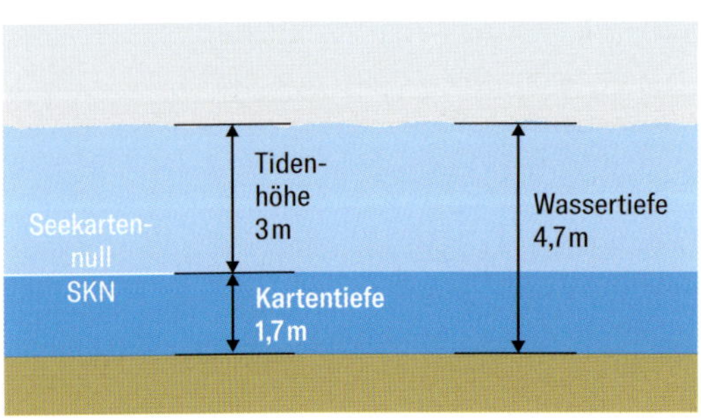

Abb. 33 Wassertiefe

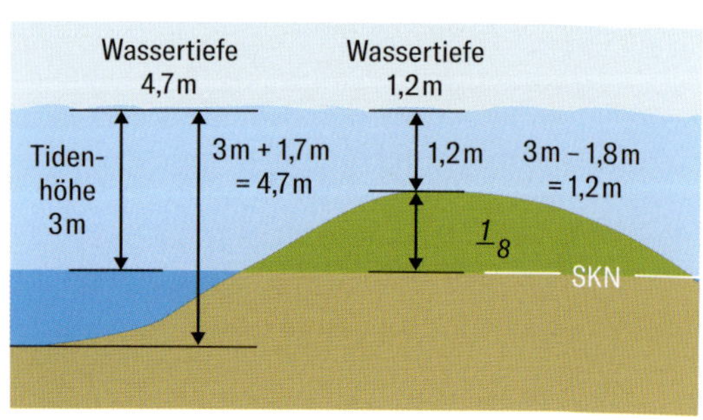

Abb. 34 Trockenfallende Höhe und Wassertiefe

Höhe der Gezeiten: Die Höhe der Gezeiten ist die Menge an Wasser über dem Seekartennull. Die Höhe des Hoch- und Niedrigwassers wird in Gezeitentafeln angegeben. Während der (circa) 6 Stunden Zeit zwischen Hoch- und Niedrigwasser, kann die Gezeitenhöhe anhand der Gezeitentabelle berechnet werden (Abb. 32).

Wassertiefe: Die Wassertiefe ist die Wassermenge zwischen der Oberfläche und dem Grund (siehe Abbildung 33). Die Wassertiefe kann wie folgt berechnet werden:

Tidenhöhe + Kartentiefe = Wassertiefe

oder

Tidenhöhe – trockenfallende Höhe = Wassertiefe

Die trockenfallende Höhe wird berechnet wie in Abbildung 34 gezeigt.

Tidenstieg (TS): Der Tidenstieg ist der Anstieg des Wassers seit dem Niedrigwasser.

Tidenfall (TF): Der Tidenfall ist der Abfall des Wassers bis zum Niedrigwasser.

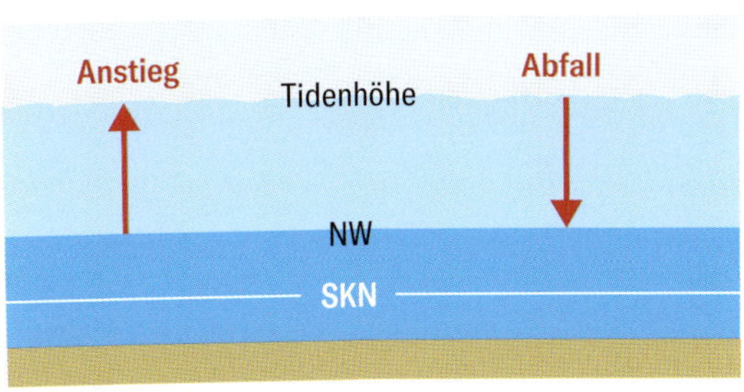

Abb. 35 Tidenstieg und -fall

Kartierte Höhen

Hierzu gehören:

- Die **Höhe eines Leuchtturms** über MSpHW
- Die **Durchfahrtshöhe unter einer Brücke** oder einem anderen Hindernis über HAT (HGzW, höchstmöglicher Gezeitenwasserstand)

Diese Angaben werden für eine pessimistische Einschätzung genutzt.

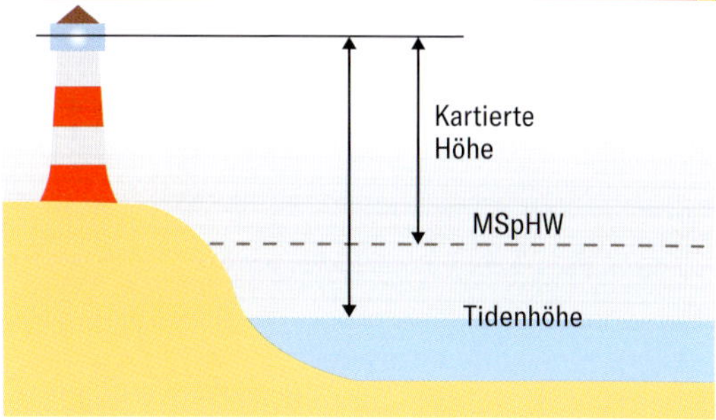

Abb. 36 Höhe eines Leuchtturms

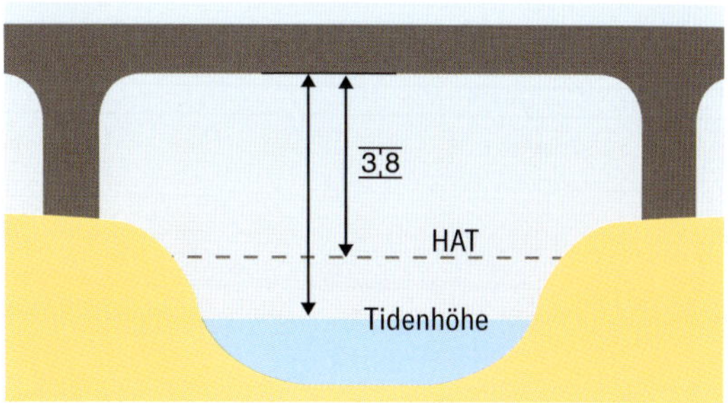

Abb. 37 Durchfahrthöhe unter einer Brücke. Wenn die Tide niedriger ist, ist die Durchfahrtshöhe größer.

Auf Abbildung 37 ist die Durchfahrtshöhe eingezeichnet:

3,8 heißt 38m

Die Höhe des Leuchtturms ist in der Karte angegeben, um darauf hinzuweisen, wie weit er zu sehen ist: Je höher der Leuchtturm, desto weiter entfernt ist er zu sehen. Wenn die Tidenhöhe unter dem mittleren Springhochwasser (MSpHW) liegt, ragt der Leuchtturm höher heraus und ist daher aus größerer Entfernung sichtbar. Die Augenhöhe des Betrachters muss berücksichtigt werden, und im Almanach gibt es hierfür eine Tabelle.

MSpHW: Das mittlere Springhochwasser ist die durchschnittliche Höhe des Hochwassers für alle Springtiden.
MNpHW: Das mittlere Nipphochwasser ist die durchschnittliche Höhe des Hochwassers für alle Nipptiden.
MSpNW: Das mittlere Springniedrigwasser ist die durchschnittliche Höhe des Niedrigwassers für alle Springtiden.
MNpNW: Das mittlere Nippniedrigwasser ist die durchschnittliche Höhe des Niedrigwassers für alle Nipptiden.
HAT oder **HGzW:** Das höchste Gezeitenwasser (Highest Astronomical Tide) ist der höchste Wasserstand, der unter normalen Bedingungen erwartet wird.

Ein Blick auf die Gezeiten

Gezeitentafeln & Tidenhöhen

Informationen über Gezeiten findet man in Gezeitentafeln, die in vielen Formen erstellt werden:

- Die Gezeitentafeln der Admiralität enthalten nur Gezeiteninformationen.
- Manche Marinas / Häfen veröffentlichen Gezeitentafeln. Sie sind klein genug für die Hosentasche und sehr nützlich, decken aber nur einen kleinen Bereich ab.
- Die Almanache enthalten Gezeitendaten für viele Häfen und auch eine enorme Menge anderer Informationen über Häfen, Sicherheitsfragen, Wettervorhersagen und vieles, vieles mehr. Sie sind ein unverzichtbares Nachschlagewerk an Bord.
- Einige Kartenplotter haben Gezeiteninformationen gespeichert. Hierfür ist ggf. ein Abonnement erforderlich.
- Apps und Websites bieten ebenfalls Informationen, wie z. B. EasyTide von der britischen Seefahrtsbehörde (UKHO). https://easytide.admiralty.co.uk

Unabhängig von der Quelle können nicht alle Häfen einbezogen werden. Für die aufgeführten **Bezugsorte** werden die HWZ und NWZ und Tidenhöhen für jeden Tag angegeben. Denken Sie daran, dass die Tidenhöhe angegeben wird, also die Wassermenge über dem Seekartennull. Die Details für die Bezugsorte nachzuschlagen, ist einfach.

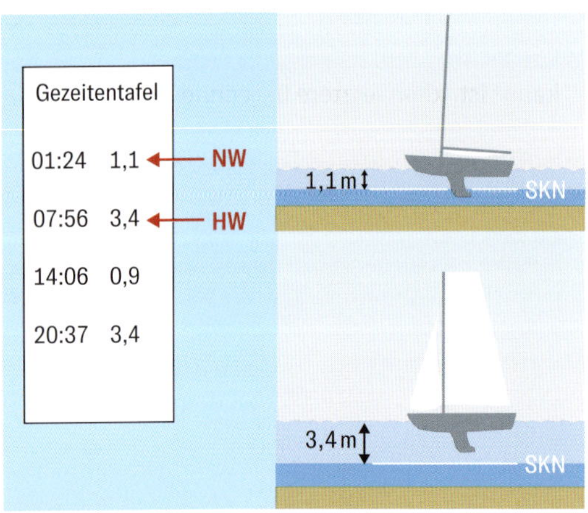

Abb. 38 Der Einsatz von Gezeitentafeln

Wie nutzt man die Tafel?

- Schauen Sie nach dem Bezugsort, dem Monat und Datum. Schauen Sie lieber zweimal nach, man vertut sich leicht.
- Notieren Sie sich die Angaben zu Hoch- und Niedrigwasser.
- Berücksichtigen Sie die Zeitzone und fügen Sie bei Bedarf eine Stunde für die Sommerzeit hinzu.

Auf den britischen Gezeitentafeln wird die UT (Universal Time) verwendet, die mit der GMT identisch ist. Daher muss von März bis Oktober eine Stunde hinzugefügt werden, um auf die britische Sommerzeit umzurechnen.

Die Zeitzone für die Tafel wird oben auf der Seite angezeigt. Die Zeitzone für Frankreich, Belgien und die Niederlande ist beispielsweise »**– 0100**«, was **minus** eine Stunde bedeutet. Das bedeutet, dass das ganze Jahr über eine Stunde abgezogen werden muss, um die Zeiten in der Tabelle wieder **in UT umzurechnen**. So werden Zeitzonen angegeben.

Im Sommer muss man natürlich eine Stunde zurückrechnen, um auf die britische Sommerzeit umzustellen, und vielleicht noch eine weitere Stunde für die lokale Sommerzeit. Diese Berechnungen erscheinen von zu Hause aus kompliziert, aber es ist wie das Einstellen Ihrer Uhr kurz vor der Landung des Flugzeugs.

Wenn man die Hoch- und Niedrigwasserstände nachschlägt, sollte man auch nachsehen, ob die Gezeiten auf Nipptiden, Springtiden oder irgendwo dazwischen liegen. Einige Skipper ermitteln, ob es sich um eine Nipp- oder Springflut handelt, indem sie nach dem höchsten HW schauen und davon ausgehen, dass es eine Springflut ist. Es ist aber besser nachzurechnen, und das ist nicht kompliziert.

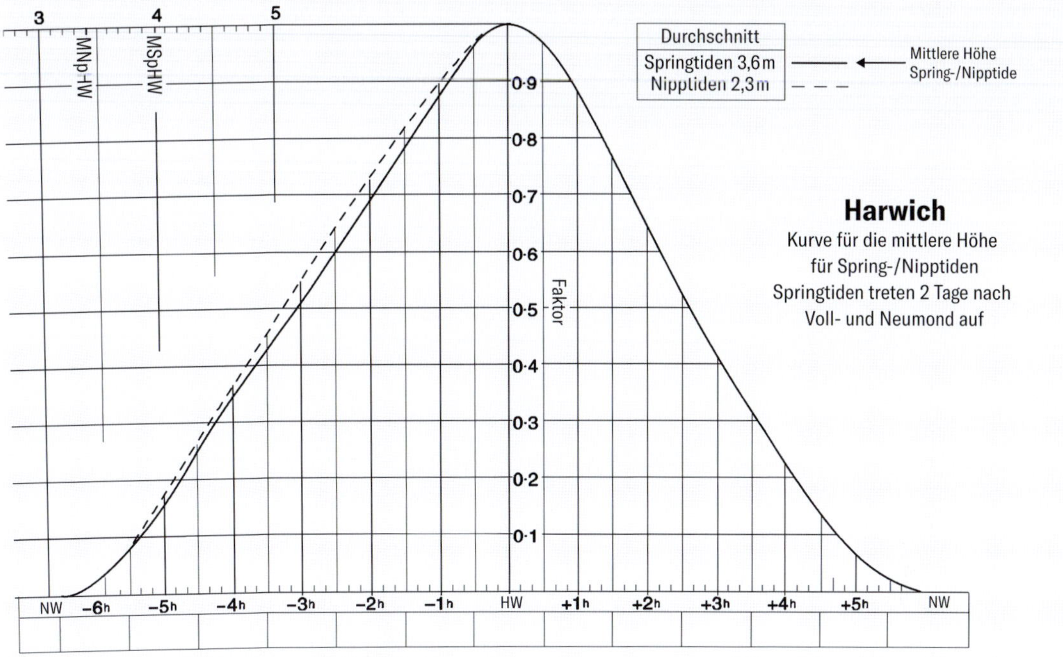

Abb. 39 Gezeitenkurve mit markierten mittleren Tidenhöhen

Spring- oder Nipptides?

- Schlagen Sie Höhe für HW und NW an dem Tag nach.
- Rechnen Sie den Tidenhub aus (HW – NW)
- Vergleichen Sie den Tidenhub dieses Tages mit dem durchschnittlichen Wert für den Bezugsort. Diesen durchschnittlichen Wert findet man in dem Almanach neben dem Diagramm mit der Gezeitenkurve, die wir uns später ansehen. Hier (Abb. 39) ist die mittlere Tidenhöhe für Springtiden 3,6m und für Nipptiden 2,3m.

Die Berechnung der Zeiträume zwischen Nipp- und Springtiden ist mit dieser Methode schnell und genau und zeigt, wann die Gezeiten vom Durchschnittswert abweichen, was sich auf die Stärke der Gezeitenströme auswirkt. Wenn der Tidenhub z. B. 3,8 m oder 4,1 m beträgt, haben wir es mit »Super Springs« oder einer großen Springflut zu tun.

Anschlussorte

Jeder Ort, der keine vollständige Tafel im Almanach hat, wird als Anschlussort bezeichnet, unabhängig von seiner Größe. Für diese Orte müssen einfache Berechnungen durchgeführt werden, um die Zeit und Höhe von HW und NW zu ermitteln. Dadurch werden die Daten von dem Bezugsort für den Anschlussort konvertiert.

Das Prinzip ist sehr einfach:

- Bezugsorte, die nahe beieinander liegen, haben oft recht ähnliche Gezeiten, die einem regelmäßigen Muster folgen, nur zeitlich versetzt etwas früher oder später.
- Wenn der Unterschied zwischen der Tidenzeit am Bezugsort und der Tidenzeit am Anschlussort bekannt ist, kann letztere berechnet werden.

Ein Blick in die lokal ausliegenden Gezeitentafeln zeigt die einfache Logik dahinter.

Harwich ist ein Bezugsort mit eigener Gezeitentafel. In einer weiteren Tabelle sind die Zeitdifferenzen zum HW in Harwich für viele Anschlussorte an der naheliegenden Küste aufgelistet.

Abb. 40 Gezeitenberechnung anhand der Zeiten für den Bezugsort Harwich

Für Ipswich, das flussaufwärts von Harwich am Orwell liegt, wird die Differenz mit +20 angegeben, also 20 Minuten später.

Für Pin Mill, das hübsche Dorf am Fluss mit dem berühmten »Butt and Oyster«-Pub, das auf halber Strecke zwischen Harwich und Ipswich liegt, ist die Differenz +10 oder zehn Minuten später.

So einfach und meist präzise ist das.

Aber ...

Es gibt detailliertere Tafeln in manchen Almanachen und die Gezeitentafeln der Admiralität, die zeigen, dass mehr dahintersteckt.

- Die in den einzeln erhältlichen Tafeln angegebenen Korrekturen sind der Durchschnitt von zwei im Almanach angegebenen Differenzen
- Die zwei Differenzen sind jeweils für die Spring- und Nipptiden. Die lokal erhältlichen Tafeln geben vielleicht +20 Minuten an, während der Almanach +15 und +25 angibt.
- Bei stark variierenden Differenzen (besonders wenn kein Voll- oder Neumond ist) müssen wir kalkulieren oder schätzen, welcher Betrag zwischen den beiden Extremwerten hinzugefügt oder abgezogen werden muss (Interpolation).
- An einigen Orten, an denen der Wasserfluss durch die Form des Ufers erschwert wird, wie z. B. im Solent, sind die Differenzen ebenfalls komplex. Die beiden Differenzen können da Stunden auseinander liegen. **Lokale Handbücher liefern mehr Informationen, wenn die Situation schwer zu verstehen scheint.** Viele Anschlussorte, die komplex und beliebt sind, veröffentlichen ihre eigenen Gezeitentafeln, die sehr nützlich sind und komplizierte Berechnungen ersparen.

Funktion der Gezeitentafel für Anschlussorte

Bezugsort	HW		NW		MSpHW	MNpHW	MNpNW	MSpNW
Harwich	0000	0600	0000	0600				
	1200	1800	1200	1800	4,0	3,4	1,1	0,4
Anschlussort Ipswich	+0015	+0025	0000	+0010	+0,2	0,0	-0,1	-0,4

Wenn die HWZ heute in Harwich 0000 UT oder 1200 UT ist, 15 Minuten addieren.

Wenn die HWZ heute in Harwich 0600 UT oder 1800 UT ist, 25 Minuten addieren.

Wenn das HW heute in Harwich 4,0m ist, für Ipswich 0,2m addieren.

Wenn das HW heute in Harwich 3,4m ist, für Ipswich 0,0m addieren.

ABER …

zwischen

00:00 → 06:00

12:00 → 18:00

zwischen 15 und 25 min **ADDIEREN**

zwischen

4,0 m → 3,4 m

zwischen 0,2 m und 0,0 m **ADDIEREN**

Ein Beispiel:

HWZ in Harwich beträgt 0756 UT

Runden Sie auf 08:00

- 08:00 liegt zwischen 06:00 und 12:00
  Also addieren Sie zwischen 25 und 15 Minuten
- 08:00 ist näher an 06:00 als 12:00
  Also addieren Sie einen Wert, der näher an 25 als an 15 min ist

0756 UT
\+ 22 min
= 0818 UT

Denken Sie an die **Zeitzone.**
Wenn in diesem Beispiel gerade britische Sommerzeit ist, müssten Sie **eine weitere Stunde addieren**, sodass die richtige Antwort **0918 BSZ** lautet.

Zur Vereinfachung können Gezeitendaten für 7 Tage für Bezugsorte und Anschlussorte von *https://easytide.admiralty.co.uk* heruntergeladen werden. Außerdem gibt es dafür Computerprogramme.

Ein Blick auf die Gezeiten

Tidenströme / Gezeitenströme

Tidenströme scheinen eigentlich ein anderes Thema zu sein als Tidenhöhen, aber das sind sie natürlich nicht, da sie durch den Anstieg und Abfall der Gezeiten verursacht werden.

Tidenströme sind die **horizontale Bewegung** des Wassers und für die Navigation von großer Bedeutung. Manche Menschen sprechen von Meeresströmungen, wenn sie Gezeitenströme meinen. Meeresströmungen wie der Golfstrom oder der Äquatorialstrom fließen im Allgemeinen in eine konstante Richtung, während ein Gezeitenstrom seine **Richtung ändert**, normalerweise kurz vor und nach Hoch- und Niedrigwasser. In der Regel fließen Tidenströme 6 Stunden in eine Richtung und dann 6 Stunden in die andere.

Grundsätzlich gilt:

- Tidenströme fließen meist entlang der Küste.
- Tidenströme werden sehr stark, wenn das Wasser durch eine enge Lücke zwischen Inseln oder an der Mündung eines Flusses hindurchgepresst wird.
- Tidenströme fließen um Landzungen herum stärker.
- Im Durchschnitt sind die Tidenströme in der dritten und vierten Stunde des sechsstündigen Verlaufs am stärksten und beim Gezeitenwechsel am schwächsten.
- Tidenströme sind im seichten Wasser in Ufernähe eines Flusses oder in einer Bucht weniger stark.
- Tidenströme sind bei Springtiden am stärksten, wenn der Tidenhub am größten ist, weil da die Wassermenge größer ist, sie dauern aber immer noch nur 6 Stunden an.

Diese Boote vor Anker liegen alle gegen die Tide.

An diesen Tonnen ist die Strömungsrichtung und -stärke deutlich zu erkennen.

Woher wissen Navigatoren, wie die Gezeitenströme verlaufen?

Auf dem Fluss oder an einem festen Objekt wie einer Tonne oder einem festgemachten Boot ist es oft einfach, die **Richtung des Tidenstroms** zu erkennen. Eine vertäute oder vor Anker liegende Yacht wird aufgrund ihres Kiels fast immer mit dem Bug gegen die Flut liegen. Wenn der Wind sehr stark und die Tide sehr schwach ist oder das Boot keinen Kiel hat, wird die Richtung, in der es liegt, stärker vom Wind beeinflusst.

Manchmal ist die **Stärke** der Tide auch dramatisch offensichtlich.

Auf See sind diese visuellen Hinweise selten und es passiert leicht, dass man die Auswirkungen des Tidenstroms auf das Boot vergisst. Wenn man bei der Planung einer Passage die Richtung der Tide ignoriert, kann dies die Reise verlängern. Noch gefährlicher ist es, wenn man an festen Objekten wie einem Seezeichen vorbeifährt oder an Sandbänken oder Felsen vorbeisteuert. Skipper müssen die Tidenströme stets im Hinterkopf behalten und sie anhand folgender Faktoren beurteilen:

- **Gezeitenrauten** auf der **Seekarte**.
- Ein **Tidenatlas**, der die Tidenströme auf einer Karte eines Gebiets darstellt

Was besser ist, kann man nicht sagen. Es sind einfach zwei unterschiedliche Darstellungen derselben Information. Der Atlas zeigt die Details grafisch an und zu der Gezeiten-Rauten werden die Informationen in einer Tabelle mit Zahlen auf der Karte selbst angezeigt. Die Zahlen mögen den Eindruck größerer Genauigkeit erwecken, aber das ist nicht der Fall. Manchmal ist eine Methode besser geeignet, aber bei beiden ist ein gewisses Maß an Recherche und Interpolation erforderlich.

Gezeiten-Rauten

Sie sind auf der Karte verteilt und in der Mitte ist ein Buchstabe. Die Information ist in einer Tabelle zu finden.

Am oberen Rand der Tabelle wird der **Bezugshafen** für die Informationen zu den Tidenströmen auf der gesamten Karte angezeigt. Wenn Sie Ihre Reise

		A		
Vor Hochwasser	6	273	0,8	0,5
	5	263	1,2	0,8
	4	254	1,1	0,7
	3	252	1,2	0,7
	2	253	1,2	0,5
	1	265	0,7	0,5
		015	0,2	0,2
Nach Hochwasser	6			
	5			
	4			
	3			
	2			
	1			

Vier Stunden vor HW ← 254° 1,1 0,7

Tidenströme in Relation zum HW in Harwich

fortsetzen, hat die nächste Karte evtl. einen anderen Bezugshafen. Hierbei können sehr leicht Fehler gemacht werden, daher sollte man bei jeder neuen Karte den Bezugshafen abgleichen.

Jede Informationszeile in der Tabelle gilt für eine Stunde vor oder nach dem Hochwasser und die Zahlen zeigen die **Richtung** und die **Geschwindigkeit** des Tidenstroms an der Position der Raute an. Die Gradangabe kennzeichnet die **Richtung**, in die der Tidenstrom läuft, man muss sie also vor dem Einzeichnen nicht korrigieren. Die Geschwindigkeit des Tidenstroms wird in Knoten (Seemeilen pro Stunde) angegeben. Die zwei unterschiedlichen Werte gelten für Spring- und Nipptiden, wobei die Springtiden zuerst genannt werden. Man kann das daran erkenne, dass der Wert für die Springtiden höher ist, weil der Tidenhub größer ist. Wenn der Tidenhub zwischen Spring- und Nip-Tide liegt, wird **interpoliert**.

Die Arbeitsschritte sind dann folgende:

- Suchen Sie die HWZ des **Bezugshafens** auf der Karte heraus und ggf. korrigieren Sie diese, wenn Sie die Sommerzeit beachten müssen.
- Vergleichen Sie den Tidenhub mit dem durchschnittlichen Wert, ob Spring-, Nip- oder Mitt-Tide ist.
- Berechnen Sie, welche Stundenangabe gilt.
- Schauen Sie die Richtung und Stärke des Tidenstroms in der Tafel nach.

Es ist sehr wichtig, welche Stundenangabe vor/nach dem HW gilt, und dies muss systematisch berechnet werden. Nur Schauen und Raten, führt meiner Erfahrung nach nicht zu genauen Ergebnissen.

Natürlich ändert der Tidenstrom nicht plötzlich seine Richtung. Die Daten werden als Durchschnittswerte für jede Stunde angenommen. Jede Richtung und Geschwindigkeit aus der Tabelle gilt für eine Stunde. Wenn also 12:15 die HWZ ist, dann ist von einer halben Stunde vor der tatsächlichen Zeit bis zu einer halben Stunde nach der tatsächlichen Zeit HW, d. h. von 11:45 bis 12:45. Dies gilt auch für alle anderen Zeiten. Es ist die Standardmethode für die Zeitangaben. Es sollte strikt befolgt werden, wobei nur die ungeraden Minuten auf- oder abgerundet werden. Es gibt mehrere Möglichkeiten, das aufzuschreiben, aber ich finde eine Tabelle gut, auch wenn sie ein wenig nach Schule aussieht!

	06:45	-	07:45	=	-5	Stunden vor HW
	07:45	-	08:45	=	-4	
	08:45	-	09:45	=	-3	
	09:45	-	10:45	=	-2	
	10:45	-	11:45	=	-1	
HW 12:15 BSZ →	11:45	-	12:45	=	HW-Stunde	

Gezeitenstromatlas

Das britische Hydrographische Amt veröffentlicht Atlanten, die Gezeitenströme für verschiedene Gebiete zeigen. Kleinere Versionen der Diagramme finden sich in Almanachen und auf einigen Karten. Der Atlas enthält eine Reihe von 13 Karten für dasselbe Gebiet, auf denen die Gezeitenströme als Pfeile und Zahlen dargestellt sind, die die Richtung und Geschwindigkeit für jede Stunde veranschaulichen. Es gibt also eine Karte für jede Stunde vor und nach dem HW am Bezugsort **(Abb. 41)**. Die mittlere der Karten zeigt die Gezeitenströme in der Stunde des HW. Die Karten geben ein gutes Bild der Tidenstromrichtung, und deshalb eignet sich ein Atlas sehr gut für die **Törnplanung** entlang der Küste und für einen schnellen Überblick während des Törns. Man kann sie auch gut nutzen, wenn in der eigentlichen Karte keine Tiden-Raute an der betreffenden Stelle ist.

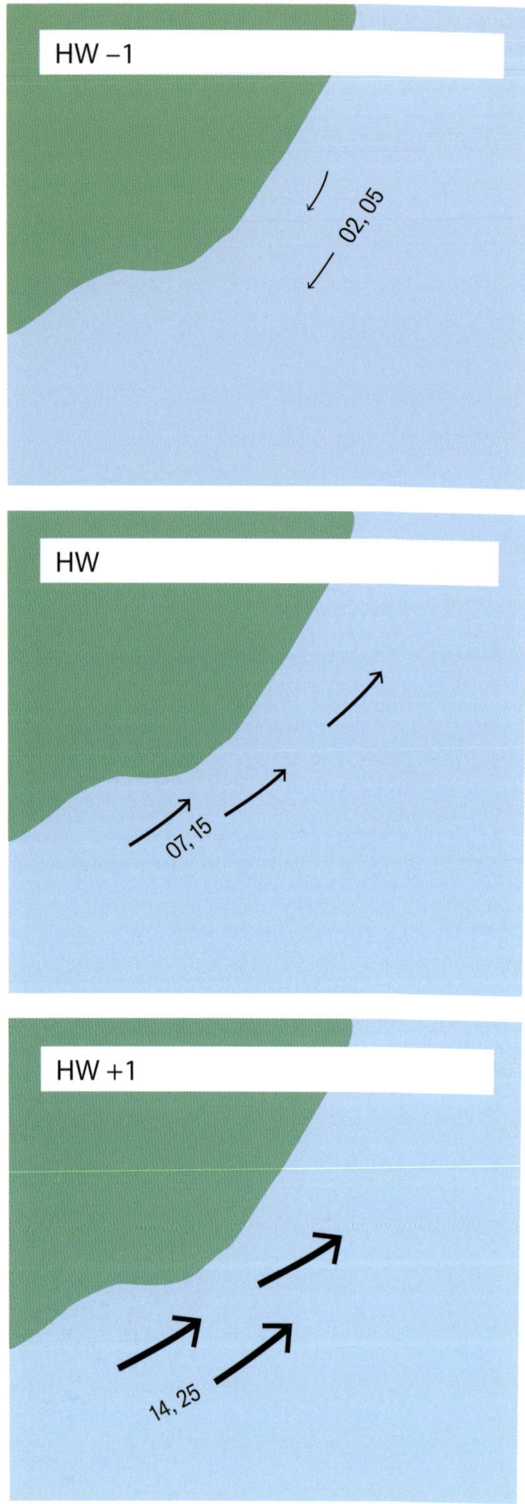

Abb. 41 Beispiele für den Gezeitenstromatlas

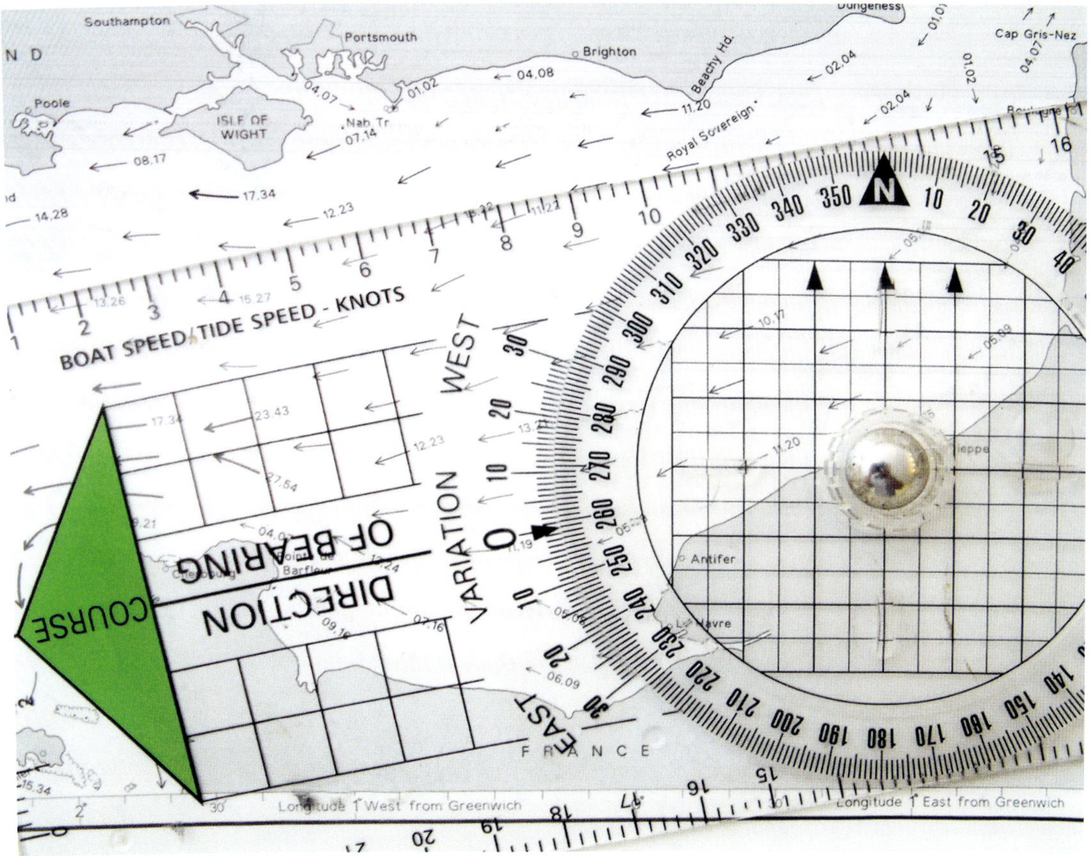

Ablesen der präzisen Richtung des Tidenstroms mit dem Kartenlineal auf dem Gezeitenstromatlas.

Die allgemeine **Richtung** des Gezeitenstroms ist offensichtlich und das kann für die Planung ausreichen. Wenn eine präzise Richtung gebraucht wird, lesen Sie die Richtung am Kartenlineal ab, das Sie vorher wie üblich ausrichten. Sie müssen nur auf der richtigen Seite des Atlas (s. o.) nachmessen.

Die Zahlen neben den Pfeilen geben die Geschwindigkeit an, mit der die Tide setzt, und zwar für Spring- und Nipptiden, wobei die Nipptiden diesmal zuerst angegeben werden. Aber da der Wert für die Nipptiden immer kleiner ist, kann man sich leicht orientieren.

Die Zahlen sehen seltsam aus, da sie ohne Komma geschrieben sind. **14, 25 bedeutet also 1,4 Knoten bei Nipptiden und 2,5 Knoten bei Springtiden** und nicht 14 und 25 Knoten! Die Form des Pfeils gibt die Stärke des Stroms an, wobei stärkere Gezeitenströme durch dunklere, dickere Striche dargestellt werden.

Die Arbeitsschritte sind dann:

- Suchen Sie die HWZ des **Bezugshafens** im Atlas (Sommerzeit beachten).
- Vergleichen Sie den Tidenhub mit dem durchschnittlichen Wert, ob Spring-, Nip- oder Mitt-Tide ist.
- Schreiben Sie in den Gezeitenatlas auf der HW-Seite die HWZ für den Bezugshafen und dann addieren und subtrahieren Sie die jeweilige Stunde und notieren das auf allen anderen Seiten.
- Denken Sie daran, dass **jede Seite eine Stunde darstellt**. Sie gilt für ½ Stunde vor und nach der exakten Zeit, die sie eingetragen haben. Einige Skipper finden es praktischer, die von/bis-Uhrzeit aufzuschreiben, anstatt die exakte Stunde.

Ein Blick auf die Gezeiten

Tidenhöhen nutzen

Bisher haben wir uns mit der Ermittlung der Zeiten und Höhen von HW und NW an Bezugsorten und der Umrechnung dieser Werte auf Anschlussorten befasst. Diese Zahlen können zusammen mit anderen Tafeln oder Karten zur Berechnung der Tideströmung verwendet oder auf die Kartentiefen angewendet werden, um die Wassertiefe zu ermitteln:

- Tidenhöhe + Kartentiefe = Wassertiefe
- Tidenhöhe – trockenfallende Höhe = Wassertiefe

Wir können aber noch mehr damit machen. Vielleicht will man an einem bestimmten Tag in einen kleinen Hafen einlaufen.

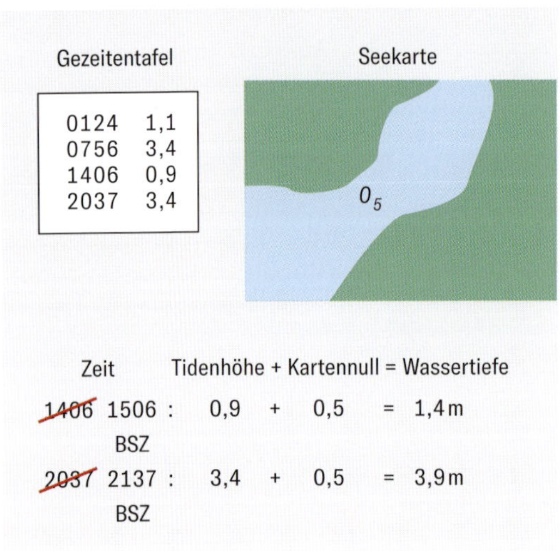

Die Karte zeigt, dass die Kartentiefe 0,5 m ist. Um 15:06 BSZ und bei NW beträgt die Wassertiefe in der Hafeneinfahrt nur 1,4 m – zu wenig, um einzulaufen. Um 21:37 bei HW beträgt die Wassertiefe 3,9 m, was ausreicht, aber vielleicht etwas spät ist für Duschen und Abendessen an Land. Wenn aber bei NW die Wassertiefe zu gering ist und bei HW ausreichend, muss es möglich sein, irgendwann dazwischen bei steigendem Wasserstand hineinzufahren.

Wann laufen wir in den Hafen ein?

Die Antwort auf diese Frage wird lauten: »Wenn die Wassermenge vorhanden ist, die wir benötigen.« Als Erstes müssen wir also herausfinden, wie viel Wasser (oder Tidenhöhe) wir benötigen.

Beziehen Sie ein:

- Den **Tiefgang** des Bootes.
- Wieviel Wasser unter dem Kiel Sie haben wollen. Diese individuelle Entscheidung hängt von der Beschaffenheit des Meeresbodens, den zu erwartenden rauen Bedingungen und dem Stand der Gezeiten ab **(Abb. 41 und 42)**.
- Die **Information auf der Karte**. Die Kartentiefe oder trockenfallende Höhe.

Tiefgang:		1,80 m
Wasser unter Kiel:	+	0,70 m
Benötigte WT:	=	2,50 m
Kartentiefe:	–	0,50 m
Erforderliche Tidenhöhe:	=	2,00 m

Sobald die erforderliche Tidenhöhe berechnet wurde, muss das Diagramm der Tidenkurve zu Rate gezogen werden **(Abb. 43)**.

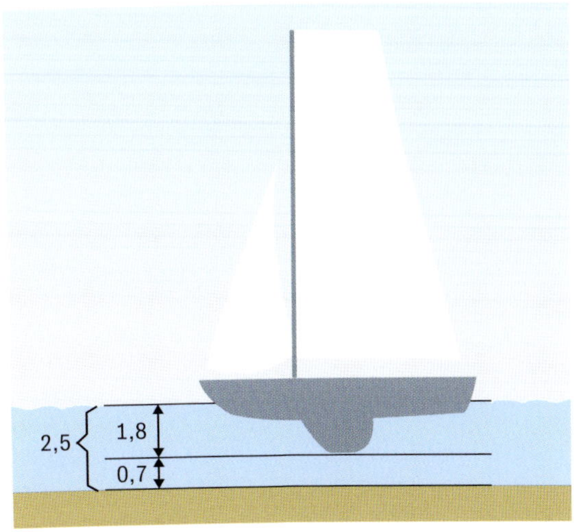

Abb. 41 notwendige Tiefe = Tiefgang + Wasser unter Kiel

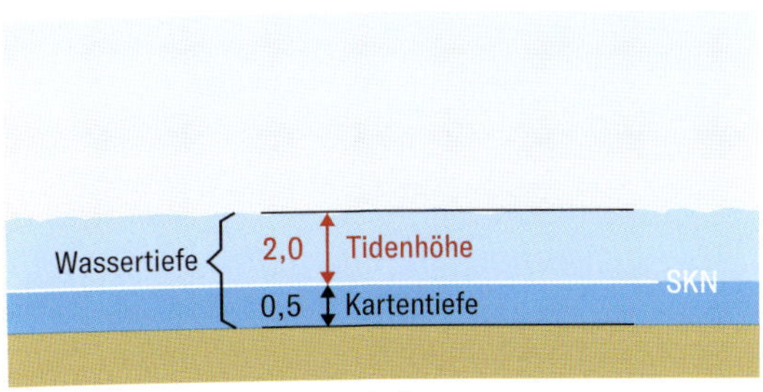

Abb. 42 Notwendige Tidenhöhe = benötigte Tiefe – Kartentiefe

Aus der Gezeitentafel werden die folgenden Informationen benötigt:

- HWZ, ggf. 1 Stunde wegen Sommerzeit hinzufügen.
- HWH (Hochwasserhöhe)
- NWH (Niedrigwasserhöhe)
- Spring- oder Nipptide (erforderlich, da es stellenweise eine unterschiedliche Linie für Spring- und Nipptide gibt)

Auf dem Diagramm:

1. Markieren Sie die HWH und NWH auf der linken Seite des Diagramms und verbinden Sie die Markierungen mit einem Strich (durchgehend rote Linie).
2. Schreiben Sie die HWZ in die Kästchen unter der Kurve und füllen die anderen Kästchen entsprechend aus (2137, 2037 usw.) (hier in blauer Farbe).
3. Suchen Sie auf der oberen Skala die erforderliche WT von 2 m und zeichnen eine vertikale Linie bis zur roten durchgezogenen Linie, dann vom Schnittpunkt aus eine weitere bis zur Kurve nach rechts und nach unten zur Zeitskala (rot gestrichelt). Nehmen Sie die Kurve für die Spring-, die Mitt- oder Nipptide, je nach Tidenphase.
4. Lesen Sie die Zeit ab: 1737 + 20 Minuten = 1757 (gegen 18 Uhr) ist der früheste Zeitpunkt für die Einfahrt.

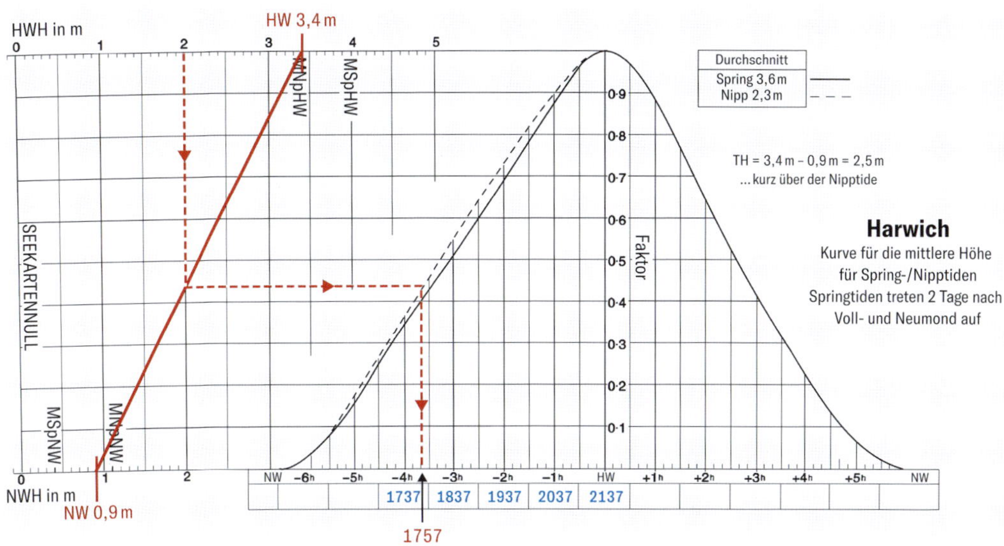

Abb. 43 Ablesen, wann die Wassertiefe 2 m beträgt.

Auch diese Situation kann einem Boot passieren:

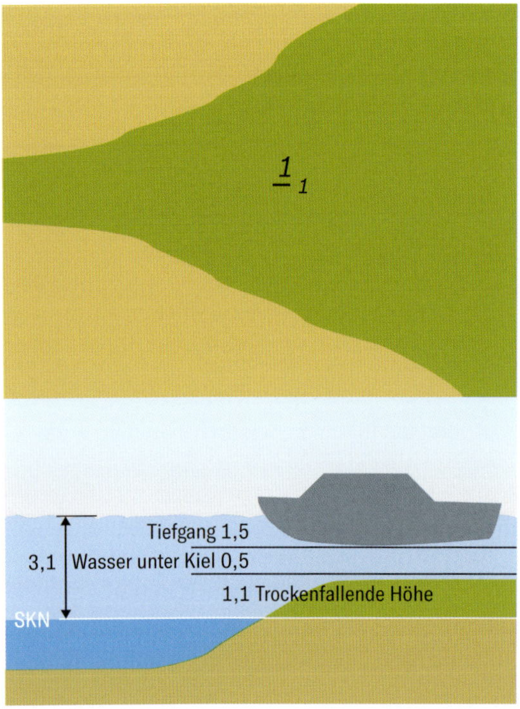

Abb. 44: Anderes Beispiel für trockenfallende Höhe

Tiefgang:		1,5 m
Wasser unter Kiel:	+	0,5 m
Benötigte WT:	=	2,0 m

Trockenfallende Höhe:	+	1,1 m
Erforderliche Tidenhöhe:	=	3,1 m

Die Tidenkurve kann auch zur Beantwortung einer anderen Frage benutzt werden:

Wie hoch steht die Tide zu einer bestimmten Zeit?

Das ist in gewisser Weise dasselbe wie die letzte Frage, nur umgekehrt gestellt! Die Gezeitenkurve wird auf die gleiche Weise zuvor erstellt, jedoch unter Verwendung des morgendlichen HW. Folgendes muss hier beachtet werden:

- Die HWZ (Sommerzeit beachten)
- Die HWH
- Die NWH
- Herrscht Spring- oder Nipptide?

Welche Gezeitenhöhe herrscht um 10:30 (Sommerzeit)?

1. Markieren Sie die HWH und NWH und ziehen die diagonale Linie.
2. Schreiben Sie die HWZ und NWZ in die Kästchen unter der Kurve und füllen die anderen Kästchen aus.

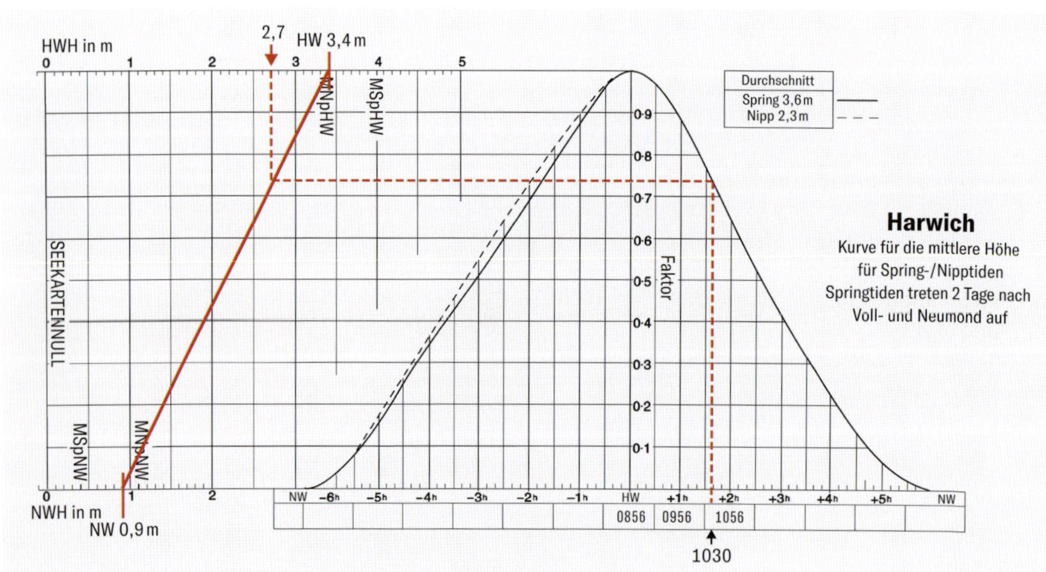

Abb. 45 Ablesen, welche Tidenhöhe zu einer bestimmten Uhrzeit vorherrscht.

3. Suchen Sie die Uhrzeit 10:30 unter der Kurve und zeichnen eine Linie nach oben bis zur Kurve, eine horizontale Linie bis zur Diagonalen und dann wieder nach oben zur Skala der Tidenhöhe. Nehmen Sie die Kurve für die Spring-, die Mitt- oder Nipptide, je nach Tidenphase.
4. Lesen Sie die Tidenhöhe ab: hier sind es 2,7 m.

Diese Berechnung kann auch für das Ankern oder Anlegen verwendet werden, insbesondere bei ablaufendem Wasser.

Welche minimale Wassertiefe wird zum Ankern/Festmachen benötigt?

Folgendes muss hier beachtet werden:

- Der **Tiefgang** des Bootes.
- Wieviel Wasser wird bei NW **unter dem Kiel** benötigt.
- Der **Tidenfall** zwischen der Anker-/Anlegezeit und dem nächsten NW. Das lässt sich ganz einfach berechnen, denn die Flut fällt von der HWH zum Zeitpunkt des Ankerns auf die NWH. Sobald das Niveau des NW erreicht ist, fällt die Flut nicht mehr ...
  deshalb heißt es Niedrigwasser!

Tiefgang
+
Wasser unter Kiel
+
Tidenfall
=
Minimale Ankertiefe

Der Skipper entscheidet, um 10:30 Uhr zu ankern und stellt fest, dass die Tide fällt in der Zeit. Es ist wichtig, nicht in zu flachem Wasser zu ankern, auch wenn dort das Boot gut geschützt ist oder nicht mit anderen Schiffen kollidiert, damit das Schiff nicht auf Grund läuft.

Das erreicht man so:

1. Berechnen Sie, welche Tidenhöhe vorherrscht, wenn Sie ankern wollen.
2. Finden Sie heraus, um wieviel die Tide fallen wird, während das Boot vor anker ist. Das Wasser wird von der aktuellen Wassertiefe auf die NWH fallen.

Tidenhöhe – NW
= Tidenfall
2,7 m – 0,9 m = 1,8 m

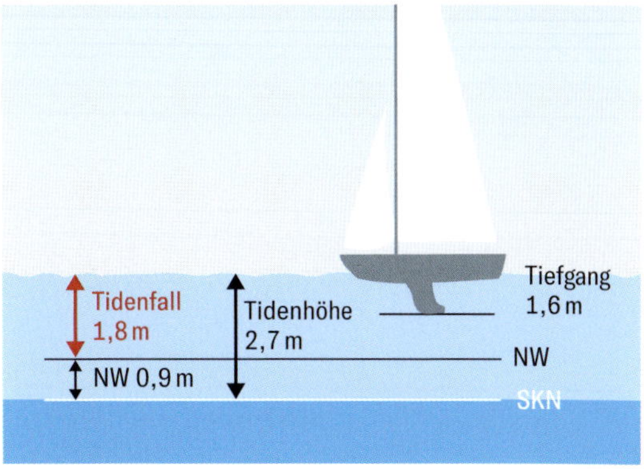

Abb. 46 Tidenhöhe von jetzt bis NW

3. Die minimale Ankertiefe um 10:30 Uhr wird sein:

Tiefgang + Wasser unter Kiel bei NW
+ Tidenfall
1,6 m + 1,0 m + 1,8 m
= 4,4 m min. Wassertiefe

ODER ... Sie haben die einzig freie Muring an einem beliebten Ankerplatz aufgenommen, aber das Wasser ist recht flach. Ist bei NW der Wasserstand hoch genug oder droht eine Grundberührung?

1. Lesen Sie die Wassertiefe am Echolot ab.
2. Berechnen Sie die aktuelle Tidenhöhe.
3. Berechnen Sie den Tidenfall (Tidenhöhe – NW).
4. Vergessen Sie nicht den Tiefgang des Bootes.

Wassertiefe – Tidenfall – Tiefgang
= Wasser unter Kiel bei NW

Wenn es sich um einen **Anschlussort** handelt, rechnen Sie zunächst die Zeiten und Höhen des Bezugsortes in die des Anschlussortes um und führen dann die Berechnung durch. Verwenden Sie ggf. die Gezeitenkurve für den Bezugshafen, um die »Tidenhöhe« zu berechnen.

Sierra auf großer Fahrt

Von Pin Mill nach Brightlingsea

Die Sierra bereitet sich auf ihren Törn von Pin Mill nach Brightlingsea vor.

Überladen Sie das Beiboot nicht. Tragen Sie eine Rettungsweste.

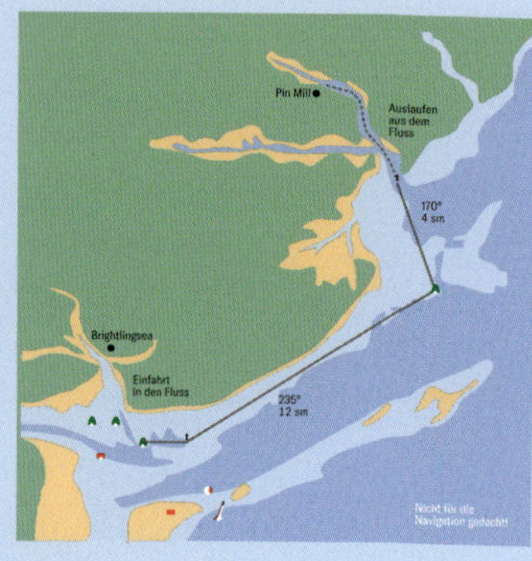

Prüfen Sie die Sicherheitsausrüstung und instruieren die Crew.

- Rettungswesten & Lifeline
- Lifebelt / Rettungsinsel
- Notraketen
- Einsatz des UKW-DSC-Funks
- Gas- & Feuerlöscher
- Mensch-über-Bord-Manöver
- Erste-Hilfe-Kasten

Checkliste vor dem Auslaufen

1. Seekarten & Navigationsplan
2. Motor überprüfen
3. Segel auspacken / einsatzbereit
4. Wettervorhersage
5. Diesel / Wasser / Gas
6. Alle Luken dicht
7. Ausrüstung verstaut
8. Crew bereit: Ölzeug / Stiefel / Rettungswesten
9. Essen vorbereitet
10. Radarreflektor gehißt
11. Vorhaben an Land bekannt
12. Instrumente eingeschaltet

Folgen Sie dem Fahrwasser flussabwärts.
Marina

Noch im Hafen:
Beobachten Sie den aktuellen Schiffs- und Funkverkehr.

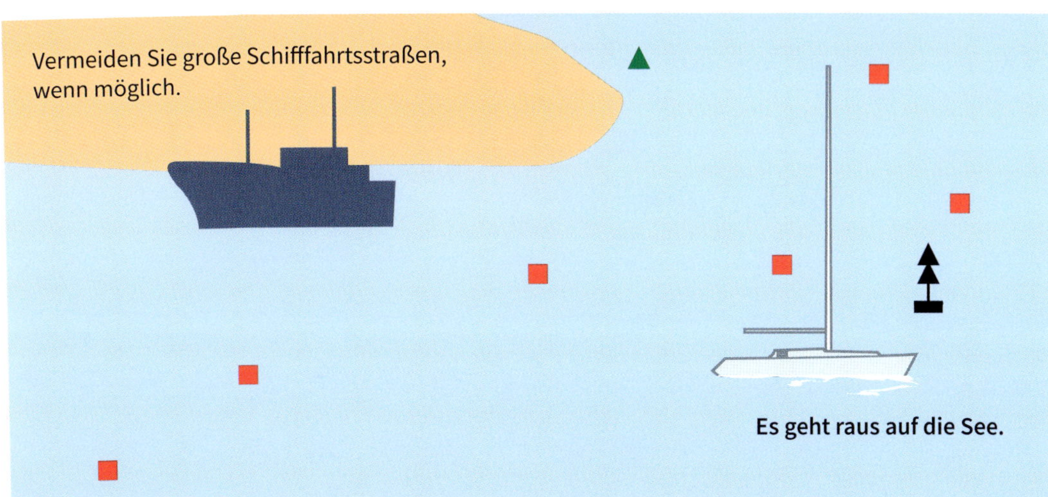
Vermeiden Sie große Schifffahrtsstraßen, wenn möglich.
Es geht raus auf die See.

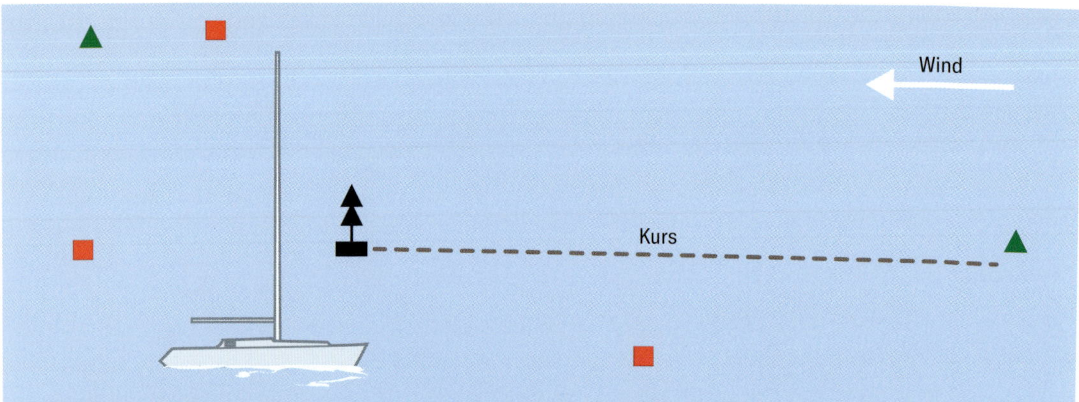

Die Sierra läuft aus dem Hafen aus, **aber die erste Tonne liegt genau gegen den Wind ... was machen wir?**

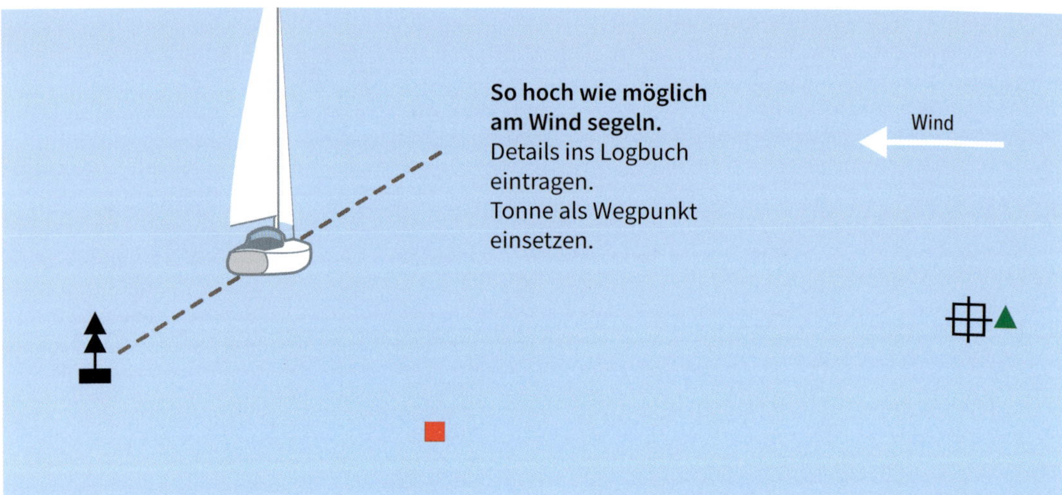

So hoch wie möglich am Wind segeln.
Details ins Logbuch eintragen.
Tonne als Wegpunkt einsetzen.

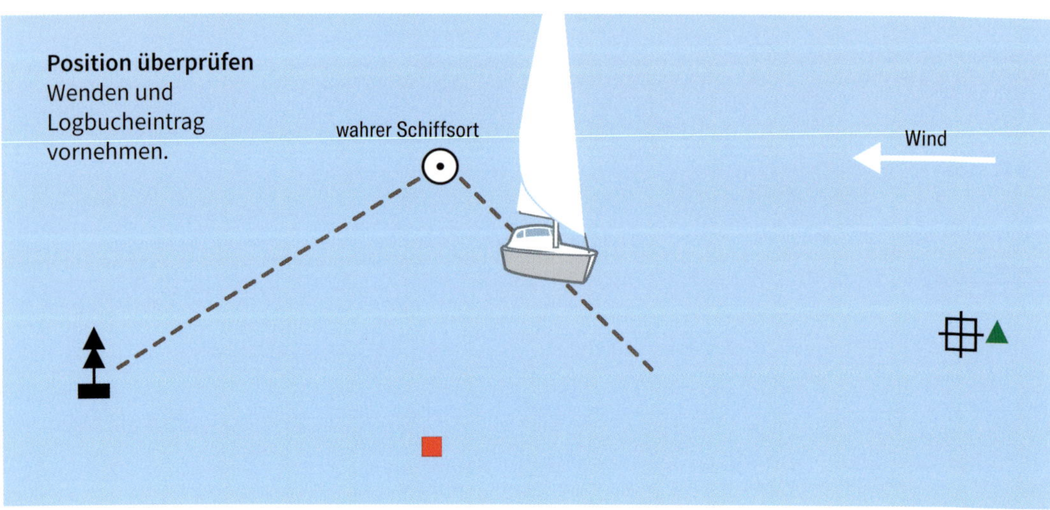

Position überprüfen
Wenden und Logbucheintrag vornehmen.

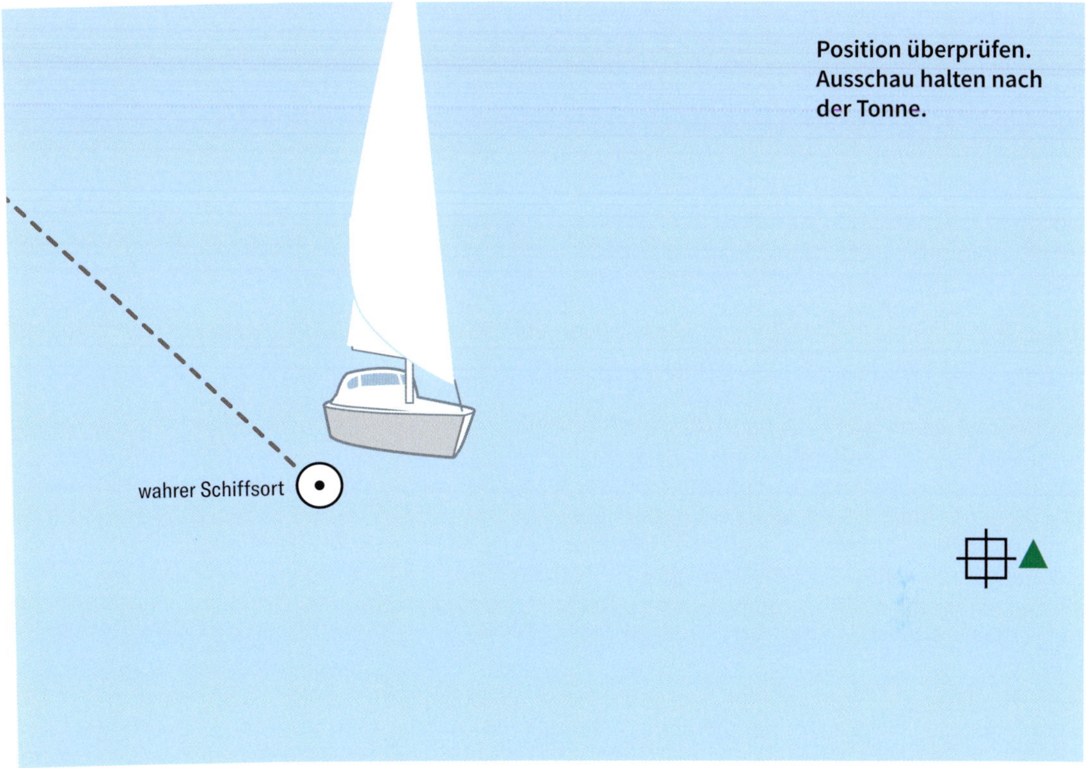
Position überprüfen.
Ausschau halten nach
der Tonne.
wahrer Schiffsort

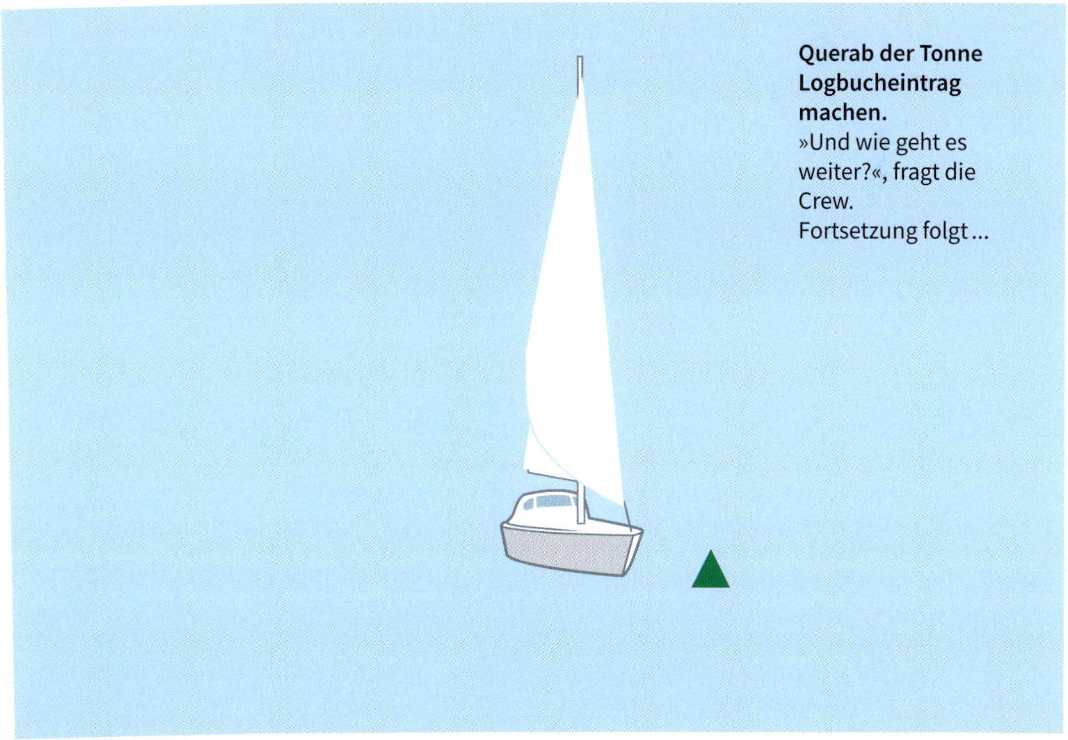
Querab der Tonne
Logbucheintrag
machen.
»Und wie geht es
weiter?«, fragt die
Crew.
Fortsetzung folgt …

Kurs durchs Wasser
Die Grundlagen

Bei der Arbeit mit der Seekarte sind die Berechnung und das Verständnis für den Kurs durchs Wasser vielleicht die wichtigsten Bestandteile der Navigation. Der Kurs durchs Wasser ist für eine sichere und effiziente Navigation enorm wichtig.

Obwohl es auf den ersten Blick so aussehen mag, als würden wir eine EP ermitteln, so ist der Zweck der Berechnung jedoch ein anderer. Mit der EP ermitteln wir nur die Position des Bootes, um die erste Frage in der Navigation zu beantworten, nämlich: »Wo bin ich?« Hierbei kommt ein GNSS häufiger zum Einsatz als alle anderen Methoden. Das ist schneller, meist verlässlich. Aber es gibt nur eine Antwort auf die Frage: »Wohin fahre ich jetzt?« Und das ist der **Kurs durchs Wasser** auch Steuerkurs genannt.

Ein Kurs durchs Wasser ist besonders, weil er voraussagt, welchen Weg das Boot zu einer bestimmten Position nehmen wird. Er berücksichtigt:

- Den Gezeitenstrom, der auf das Boot wirkt.
- Die geschätzte Geschwindigkeit des Bootes.
- Jegliche Abdrift.

Ein Kurs durchs Wasser wird **im Voraus** berechnet. Der Kurs des Bootes wird vor dem Ablegen angepasst, um zu verhindern, dass das Boot durch die Gezeitenströme und die Abdrift vom gewünschten Kurs über Grund abkommt. **Ein einfaches GNSS-Gerät kann dies nicht.** Wenn das Ziel als Wegpunkt in das GNSS eingegeben wird, berechnet das Gerät die Richtung dorthin und aktualisiert diese, während sich das Boot bewegt, aber es berücksichtigt nicht den Tidenstrom, da das Gerät nicht über diese Information verfügt. Das Boot kann vom Kurs abkommen und in eine gefährliche Situation geraten. Das GNSS ist eine große Hilfe bei der Navigation, aber es ist im Wesentlichen ein Gerät zur Positionsbestimmung. Nachdem der Skipper den Kurs berechnet hat, kann das GNSS prüfen, ob alles gut läuft, während der Kurs gesegelt wird. Tatsächlich ist es ohne GNSS unmöglich, den Kurs durchs Wasser zu überprüfen, wenn es nichts gibt, was man anpeilen kann. Der Skipper merkt erst, dass etwas falsch läuft, wenn die anvisierte Tonne nicht auftaucht!

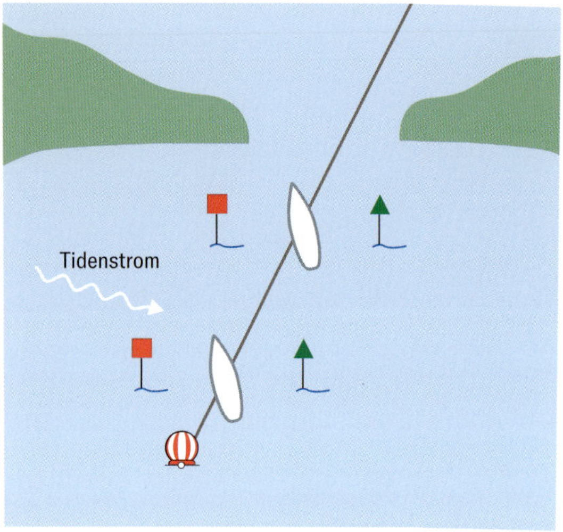

Abb. 47 Kurs durchs Wasser im Tidenstrom

Das Prinzip des Kurses durchs Wasser ist leicht zu verstehen, wenn ein Boot bei starker Seitenströmung in die Einfahrt eines Hafens steuert. Der erfahrene Steuermann kann sehen und spüren, dass das Boot durch die Gezeitenströmung seitlich abgetrieben wird, und wird instinktiv mit dem Bug in die Gezeitenströmung steuern, um dies auszugleichen (Abb. 47).

Wenn der erfahrene Steuermann sieht, dass es nicht ausreicht, nur die Schiffsrichtung zu ändern, erhöht er die Geschwindigkeit. Die Geschwindigkeit des Bootes ist von entscheidender Bedeutung, insbesondere wenn die seitliche Abdrift durch die Gezeitenströmung stärker zu spüren ist. Die Anpassungen der Ausrichtung und Geschwindigkeit werden oft nach Augenmaß vorgenommen oder indem man Leitmarkierungen folgt, die für eine Standlinie zur sicheren Durchfahrt ausgebracht wurden.

Berechnen des Kurses durchs Wasser:

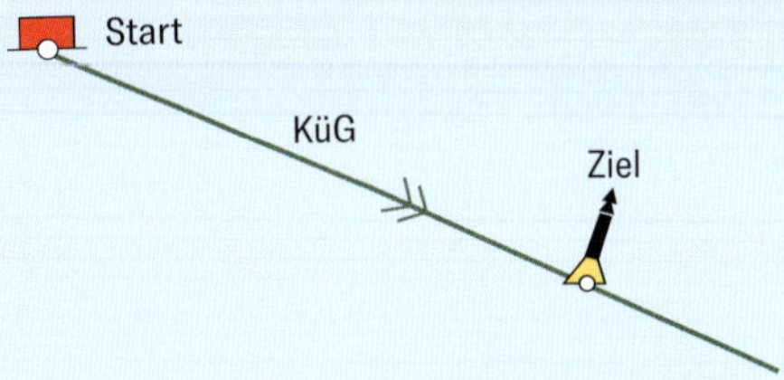

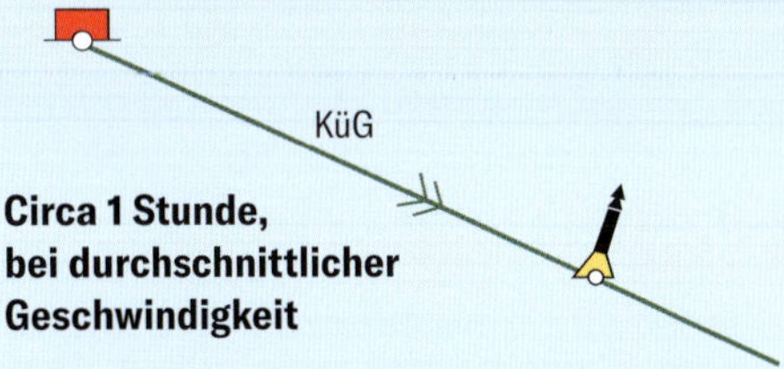

1. **Tragen Sie den Kurs über Grund in die Karte ein.** Diesem Kurs wird das Boot folgen, sorgen Sie also dafür, dass keine Gefahrenstellen wie Untiefen oder Felsen überfahren werden. Verlängern Sie die Linie immer über das Ziel hinaus, um Fehler beim späteren Eintragen des Kurses zu vermeiden. Kennzeichnen Sie diese Linie mit zwei Pfeilspitzen.

2. **Schätzen Sie, wielange die Fahrt dauern wird.** Das muss nicht präzise sein. Messen Sie die Distanz und rechnen Sie mit der durchschnittlichen Geschwindigkeit des Bootes und runden auf eine ganze oder halbe Stunde.

	A		
-6	180°	0,7	0,3
-5	170°	1,0	0,6
-4	000°	1,8	1,0

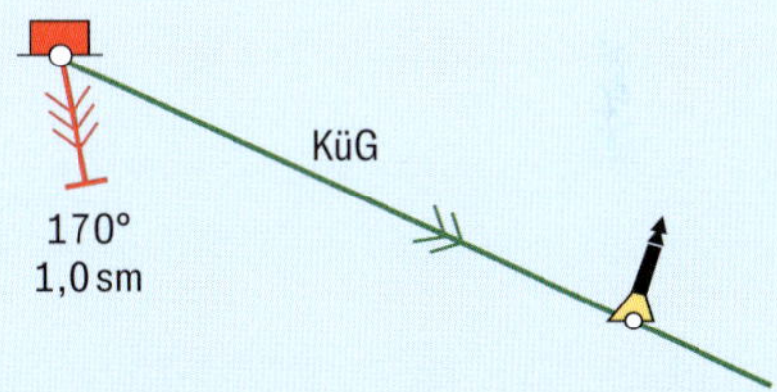

3. **Berechnen Sie den Tidenstrom, dem das Boot in dieser Zeit ausgesetzt sein wird.** Sie planen im Voraus, also müssen Sie die zukünftigen Tidenströme zurate ziehen.

4. **Zeichnen Sie den Tidenstrom von der Startposition aus ein.** Zeichnen Sie den Tidenstrom in die Richtung ein, in die er läuft und kennzeichnen die Linie mit drei Pfeilspitzen.

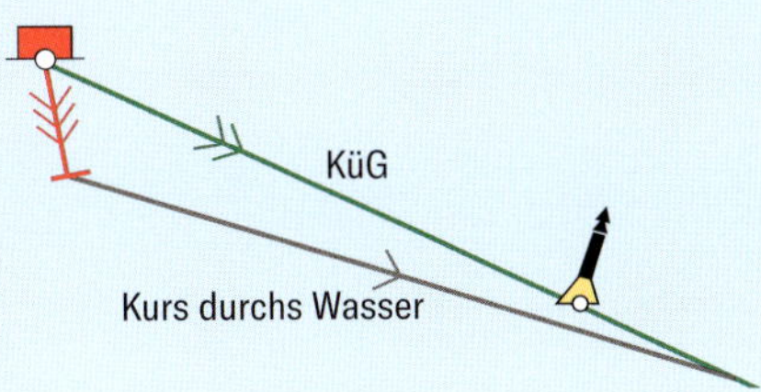

5. **Nun muss die Auswirkung der Geschwindigkeit berücksichtigt werden.** Nehmen Sie die durchschnittliche Fahrt durchs Wasser des Bootes, abzulesen an dem Log. Wenn wir die nächste Stunde betrachten wollen, greifen Sie die Distanz, die das Boot in einer Stunde fährt mit dem Stechzirkel ab und tragen diese vom Ende des Tidenstromes bis zum KüG ab. Ziehen Sie einen Strich vom Tidenstrom bis zu diesem Punkt. Diese letzte Linie ist der **Kurs durchs Wasser**. Sie müssen nun noch den Kartenkurs mit der Missweisung korrigieren und das Ergebnis dem Steuermann mitteilen. Zeichnen Sie die Linie NICHT einfach vom Ende des Tidenstroms direkt zum Ziel; das ist zwar sauber, aber falsch.

6. **Denken Sie an die Abdrift durch den Wind.** Wie stark der Wind das Boot vom Kurs abbringen kann, muss berücksichtigt werden, bevor dem Steuermann der zu steuernde Kurs mitgeteilt wird … dazu später mehr!

Diese Arbeitsreihenfolge ist zuverlässig und mit etwas Übung recht einfach zu erlernen.

Wenn der zu steuernde Kurs bzw. Kurs durchs Wasser nicht durch Tonnen oder eine enge Einfahrt eingeschränkt wird, kann das Vorhalten auch nach Augenmaß gemacht werden. Den Tidenstrom ermittelt man anhand der Tiden-Rauten auf der Karte oder dem Gezeitenstromatlas. **Die Geschindigkeit des Bootes fließt in die Berechnung ein.**

Die Grundlagen der Berechnung eines Kurses durchs Wasser sind sehr einfach und müssen rechtzeitig ausgearbeitet werden, bevor das Boot die Position erreicht, an der der Skipper den Kurs ändern möchte. Sobald man an dem Wegpunkt angekommen ist, wird die Crew fragen: »Welches ist der neue Kurs?« Und der Skipper muss die Antwort parat haben. Eine ausweichende Antwort flößt kein Vertrauen ein. Einen Skipper hörte ich mal sagen: »Segele so lange um die Tonne, während ich es ausrechne.« Keine gute Idee! (siehe Seite 59)

Außerdem sollte ein kurzer Blick auf die fertige Zeichnung ausreichen, um zu sehen, wann das Boot ungefähr ankommen wird.

Meist reicht eine grobe Schätzung der geschätzten Ankunftszeit (ETA). So müssen sich Skipper keine Sorgen machen, wenn sie die nächste Tonne erst nach einer Ewigkeit sehen können, und haben Zeit für eine Tasse Kaffee! (Siehe Abbildungen 48 und 49)

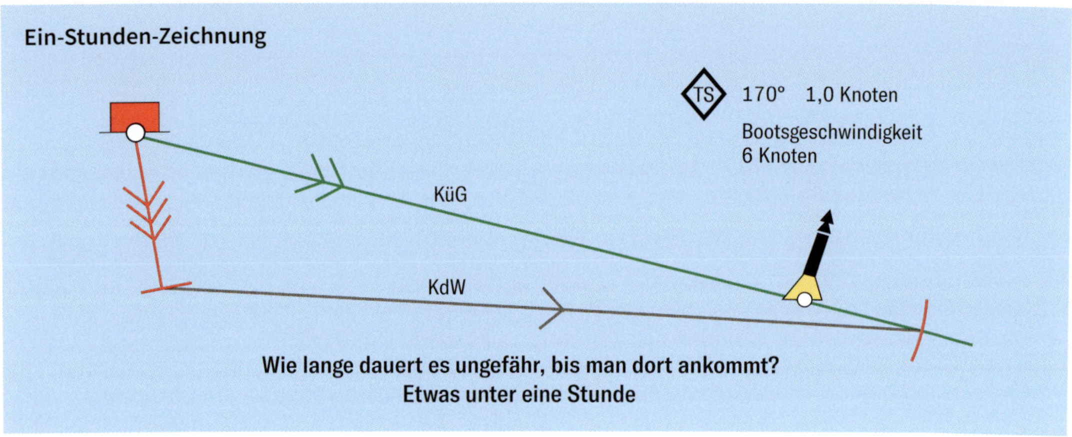

Abb. 48 Die Ein-Stunden-Zeichnung liefert eine ungefähre ETA.

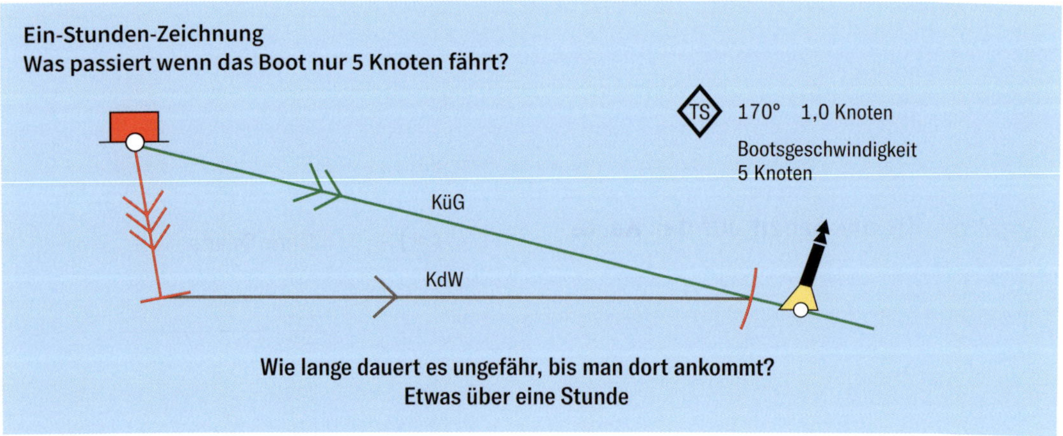

Abb. 49 ETA, wenn die Geschwindigkeit geringer ist.

Viele Skipper planen die Fahrt anhand der Tonnen entlang der Route. Das ist in Ordnung. Bedenken Sie aber, dass manche Tonnen etwas abseits ihrer Position in der Karte liegen können. Auch wenn Tonnen praktisch sind, sie leicht gesichtet werden können und dem Skipper eine Positionsbestimmung ermöglichen, ist Vorsicht geboten. Bei schlechter Sicht oder im Dunkeln könnte das Boot festen Objekten gefährlich nahekommen. Die meisten Fahrtensegler setzen Wegpunkt in die Nähe aber nicht genau auf die Tonne, schon wegen ihrer Geschwindigkeit.

Einen Kurs durchs Wasser einzuzeichnen ist einfach. Folgen Sie einfach den Schritten, dann können Sie nichts falsch machen.

Was ist also in den Abbildungen 50 und 51 falsch gelaufen?

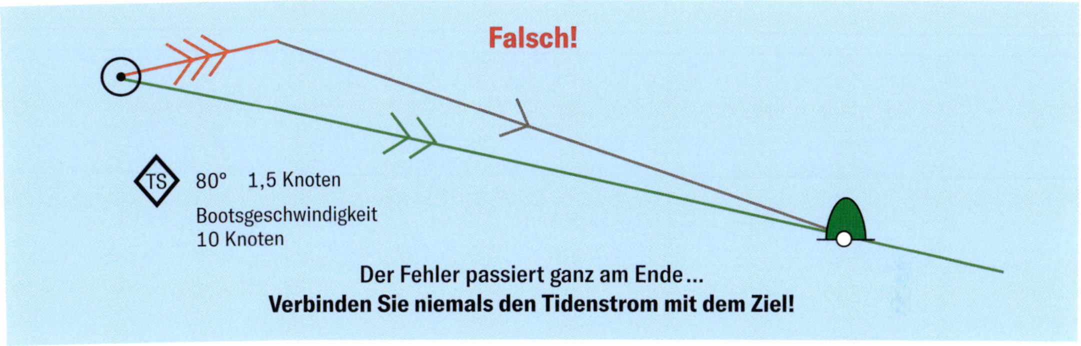

Abb. 50 Fehler beim Einzeichnen des Kurses durchs Wasser wegen der direkten Verbindung mit dem Ziel.

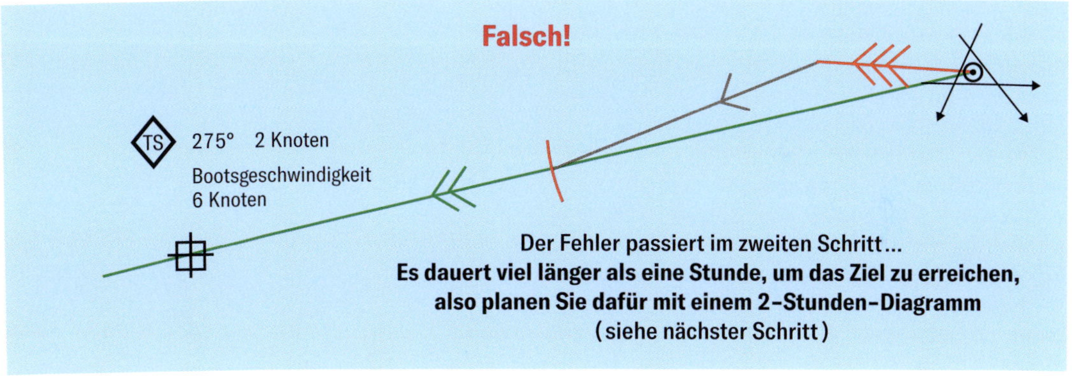

Abb. 51 Fehler beim Einzeichnen eines KdW. Die falsche Zeitspanne wird benutzt.

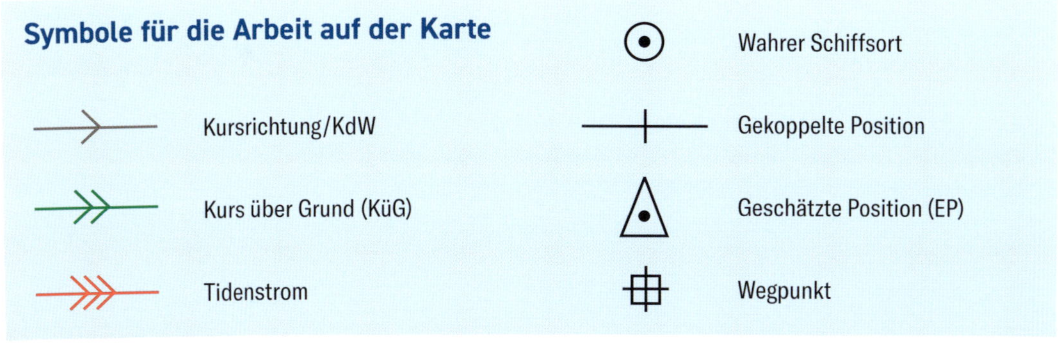

Kurs durchs Wasser
... Vertiefung

Mit etwas Übung ist die Berechnung eines Kurses durchs Wasser recht einfach, aber es lohnt sich, nochmal einen Blick auf die Zeichnung zu werfen, um weitere Details zu erkennen.

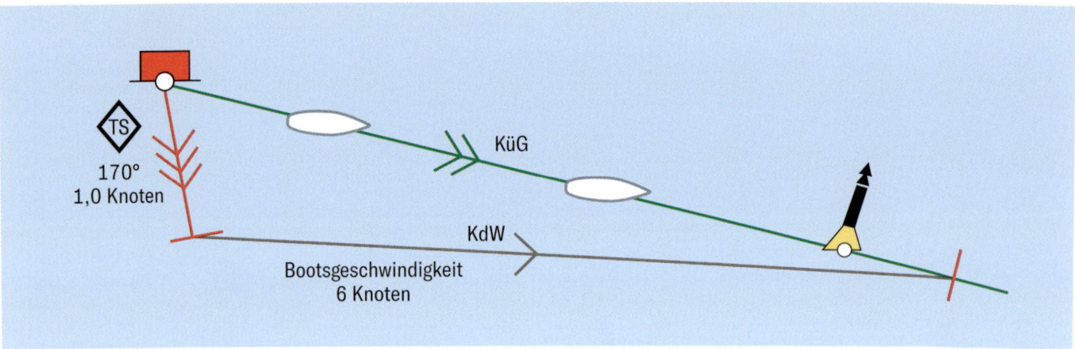

Abb. 52 Eingezeichneter KdW

Aus **Abbildung 52** lässt sich leicht ablesen, wie lange es dauert, das Ziel zu erreichen (etwas weniger als eine Stunde), und die Besatzung kann nach der Tonne Ausschau halten. Man sieht sie allerdings erst, wenn sie nur noch ein paar Seemeilen entfernt ist. Eine Untiefentonne kann da bei näherer Betrachtung auch mal ein anderes Schiff sein!

Wenn die Tonne das erste Mal gesichtet wird, sagt die Crew evtl.: »Skipper, Tonne in Sicht. Sie ist weiter dort drüben.« Dann zeigen sie 20° oder 30° seitlich vom Bug (ihre Stimmlage lässt vermuten, dass etwas falsch läuft). »Soll ich auf die Tonne zuhalten?«, äußert dann evtl. der hilfsbereite Steuermann.

Sich darauf einzulassen, kann ein Fehler sein. Hält man auf einem Fluss oder auf See nach der nächsten Tonne Ausschau, schaut man automatisch genau voraus und erwartet, dort etwas zu sichten. Ist man aber einer seitlichen Strömung ausgesetzt, wird das so nie passieren. Der Sinn der Vorausberechnung des KdW besteht darin, den Tidenstrom zu berücksichtigen, der das Boot vom gewünschten KüG abbringen wird. Während man auf dem KdW fährt, schiebt sich das Boot daher seitwärts über den KüG. Schauen wir noch einmal auf die Zeichnung, wird klar, dass die Tonne (hier) an Steuerbord (sonst auch Backbord) voraus gesichtet wird.

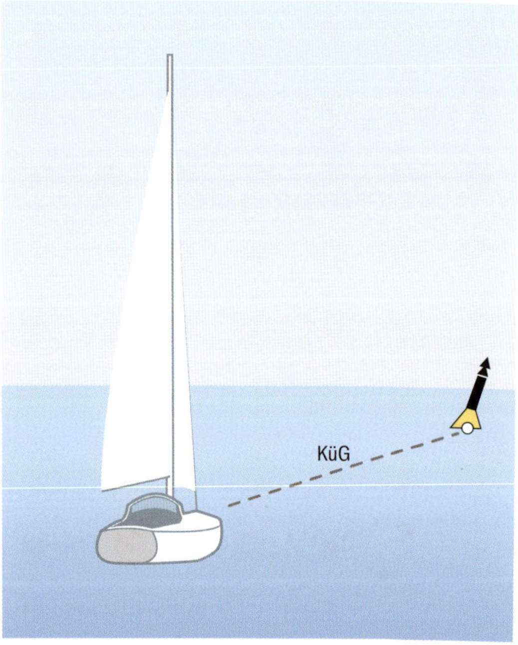

Abb. 53 Tonne an Steuerbord voraus gesichtet.

Kein Skipper sollte den voreiligen Schluss ziehen, dass der KdW falsch ist, nur weil die Tonne nicht genau voraus liegt, aber er sollte auch nicht annehmen, dass er Recht hat. Man sollte niemals etwas annehmen, man sollte es **überprüfen**.

Es gibt verschiedene Wege, alles zu überprüfen:

- Wenn der KdW über eine Tonne berechnet wurde, sollte diese für den Skipper mindestens 15 bis 20 Minuten lang sichtbar bleiben, damit eine Peilung mit einem Handpeilkompass vorgenommen werden kann **(Abb. 54)**. Die bereits passierte Tonne, hat den Vorteil, dass sie eindeutig identifiziert werden kann. Die einzelne Peilung wird natürlich keine exakte Positionsbestimmung ermöglichen, aber sie sollte ein reziproker Wert des KüG sein, den das Boot anstrebt. Wenn der Tidenstrom nicht wie vorhergesagt setzt oder wenn etwas anderes für die Abdrift des Bootes vom KüG sorgt, zeigt die Peilung achteraus an, zu welcher Seite vom KüG sich das Boot befindet.

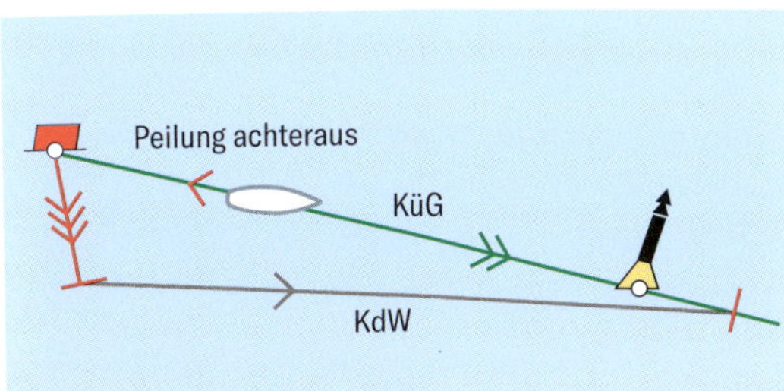

Abb. 54 Eine Peilung achteraus

- Die Untiefentonne Nord voraus kann in das GNSS als Wegpunkt und zur Überprüfung eingegeben werden. Die Koordinaten müssen präzise abgemessen werden, um sie korrekt in das GNSS einzutragen. Hier kann man leicht Fehler machen! Das GNSS **kann nicht** den KdW bestimmen, weil es den Tidenstrom und die Abdrift nicht kennt.

GNSS zeigt Richtung und Entfernung zum Wegpunkt an.

Aber es zeigt die Richtung und Distanz zum Wegpunkt an und aktualisiert das alle paar Sekunden.

Die angezeigte Richtung **entspricht nicht** dem berechneten KdW, **sondern** dem KüG. Sie sollte einigermaßen konstant bleiben und eignet sich daher hervorragend zur Kontrolle.

- GNSS-Geräte verfügen über eine zusätzliche Funktion, die hier helfen kann. Dies wird als **Kursabweichungsfehler** bezeichnet, oft mit XTE abgekürzt. Er gibt an, wie stark das Boot von der ursprünglichen Richtung zum vom GNSS vorgegebenen Wegpunkt abgewichen ist. Der XTE wird in Zehntelmeilen Abweichung von der ursprünglichen Kursrichtung angezeigt. Wenn der Kurs perfekt ist, ist der XTE null. Doch es ist realistischer, davon auszugehen, dass der Wert extrem klein ist, wenn alles in Ordnung ist (siehe Seite 64).
- Sobald die Tonne gesichtet und eindeutig identifiziert ist, ist eine Überprüfung, ob der Kurs gut läuft, einfach. Peilen Sie die Tonne mit dem Handpeilkompass an und dies (korrigiert um die Missweisung) sollte denselben Kurs ergeben, wie der KüG. Sie können natürlich auch mehrere Peilungen der Tonne machen. Wenn diese konstant bleiben, fährt das Boot auf die Tonne zu.

Wie der XTE funktioniert

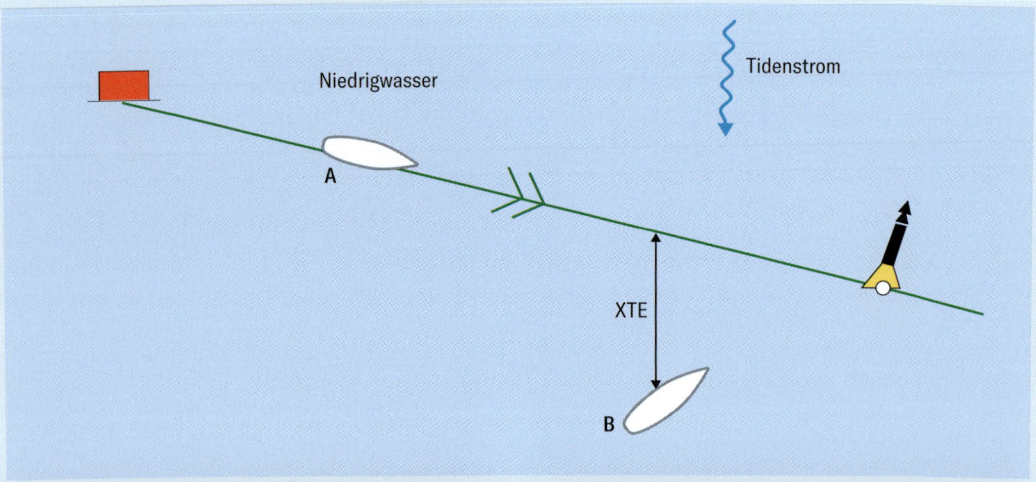

An Position **A** zeigt das GNSS einen Kursabweichungsfehler von 0,02 Seemeilen an – wir müssen leicht nach Steuerbord abdrehen.

Aber wir werden vom Tidenstrom vom Kurs abgetrieben, und an Position **B** beträgt der XTE 0,27 Seemeilen, und wir müssen nach Backbord steuern.

Abdrift

Sollten die Kurse nicht passen, wird das Boot möglicherweise abgetrieben. Bei einem Kurs durchs Wasser taucht die Abdrift in der Zeichnung auf der Karte nicht auf. Nachdem der Kurs berechnet wurde, schätzen Sie die Windstärke und die mögliche Abdrift. Dann sollte der Steuermann die zusätzlichen 5°, 10° oder mehr (je nachdem) anluven, um zu verhindern, dass der Wind das Boot von dem gewünschten KüG wegschiebt (Abb. 55).

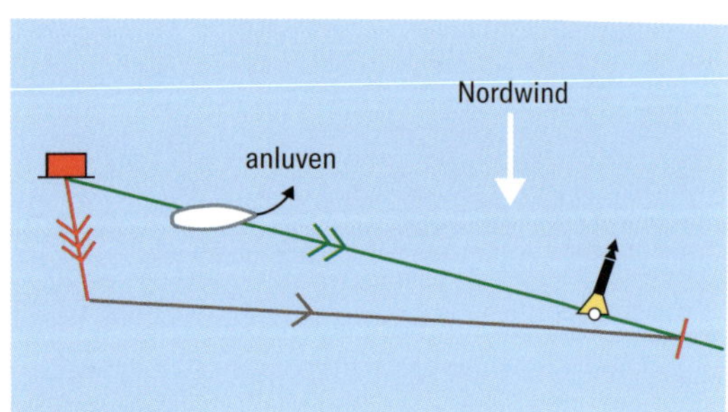

Abb. 55 Anluven, um die Abdrift nach Lee gutzumachen.

ETA (geschätzte Ankunftszeit)

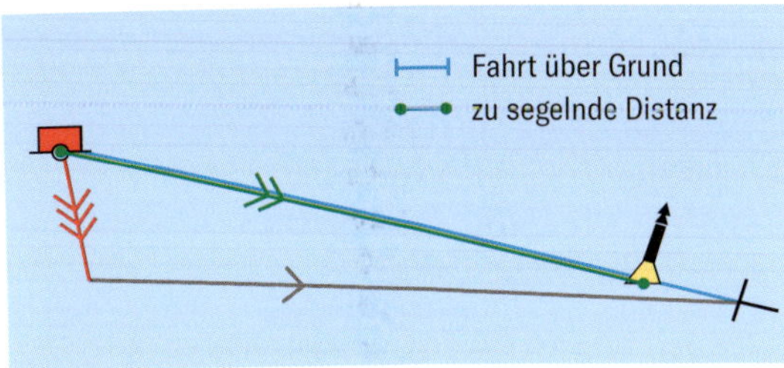

Abb. 56 Berechnung der ETA

Im ersten Abschnitt haben wir gesehen, dass es einfach ist, anhand der Zeichnung vorherzusagen, ob man mehr oder weniger als eine Stunde braucht, um die Tonne zu erreichen. Benötigt der Skipper eine präzisere Antwort, kann diese sowohl anhand des Diagramms als auch anhand des GNSS (wenn das Ziel als Wegpunkt eingegeben wurde) berechnet werden.

- Auf der Zeichnung (Abb. 56) messen Sie die zu segelnde Distanz und die Fahrt über Grund.

$$\frac{\text{Distanz über Grund}}{\text{Fahrt über Grund}} \times 60 = \text{Fahrtzeit zum Ziel}$$

$$\frac{\text{DüG}}{\text{FüG}} \times 60 = \text{ETA}$$

- Das GNSS berechnet die Fahrtzeit bis zum Wegpunkt. Da das GNSS die Position alle paar Sekunden neu berechnet, wird auch die Fahrtzeit aktualisiert.

Kurs durchs Wasser für mehr oder weniger als eine Stunde

Wenn in der ersten Phase der Planung klar ist, dass es keine Stunde dauern wird, bis das Ziel erreicht ist, dann passen Sie das Diagramm entsprechend an. Bei einem schnellen Boot ist es sinnvoller, ein Diagramm für eine halbe Stunde zu zeichnen, mit der Hälfte der Geschwindigkeit des Tidenstroms und des Bootes. Bei einem Diagramm für weniger als eine Stunde muss man auf das richtige Verhältnis zwischen der Geschwindigkeit des Tidenstroms und des Schiffs achten, damit die Antwort passt (siehe Abb. 57).

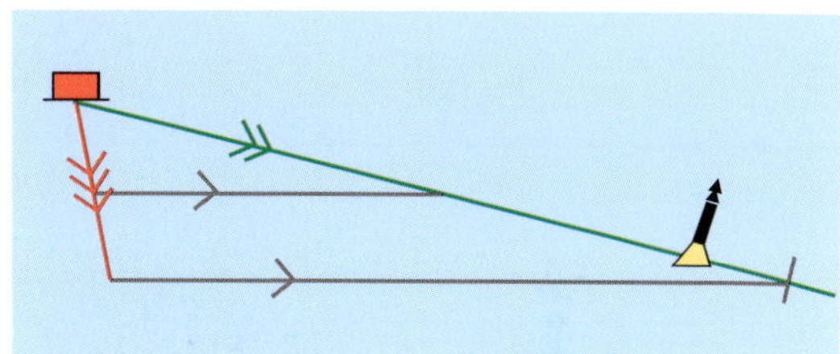

Abb. 57 Bei einem Diagramm für eine ½ Stunde, jeweils ½ Geschwindigkeit des Tidenstrom und ½ Geschwindigkeit des Bootes

Wenn es viel länger als eine Stunde dauert, um zum Zielort zu gelangen, zeichnen Sie zu Beginn alle Tidenströme auf (Abb. 58). Schauen Sie im Gezeitenatlas nach, welche Tidenströme Sie auf der Strecke über Grund abtragen müssen. Es ist effizienter, alle Tidenströme zu Beginn einzuzeichnen, da das Boot dann eine kürzere Strecke zurücklegt, als wenn es ständig den Kurs ändert. Aber das Boot wird vom KüG abgetrieben, daher ist es wichtig, dass der Skipper prüft, ob der Weg sicher ist.

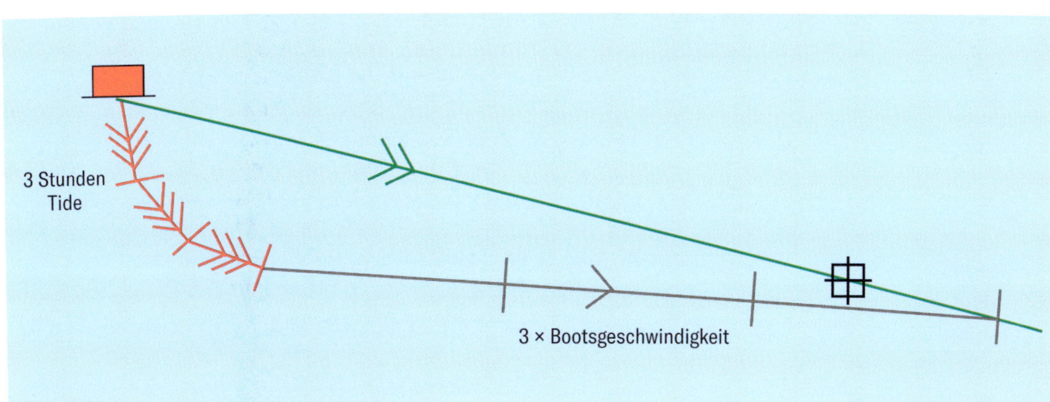

Abb. 58 Kurs durchs Wasser für 3 Stunden

Navigation nach Küstensicht

Das Betonnungssystem

Jeder an Bord muss das örtliche Betonnungssystem kennen. Auf der Seekarte kann man ablesen, ob es sich um das IALA System der Region A oder B handelt. Die IALA (International Association of Lighthouse Authorities) legt weltweit die Systeme und Standards fest. Die USA und ihre Nachbarländer liegen in Region B und alle anderen Länder in Region A.

Die Tonnen werden auf der Karte sehr klein abgebildet, die größeren Leuchtfeuer und Leuchttürme werden als Sterne dargestellt, und Baken als Kombination aus beidem.

Tonnen, Leuchtfeuer & Baken

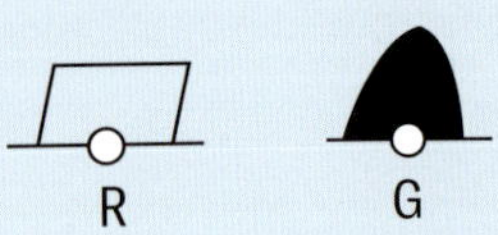

Fahrwassertonen (Lateralsystem)

Spierentonne, Untiefentonne Nord (Kardinalsystem)

größeres Leuchtfeuer oder Leuchtturm

Bake

Die magentafarbene Träne neben dem Abbild der Tonne zeigt, dass sie befeuert ist. Keine Träne bedeutet kein Feuer. Die Richtung, in die die Träne zeigt, hat keine Bedeutung. Neben jeder befeuerten Tonne, Bake und Leuchtturm geben Abkürzungen Informationen über die Befeuerung.

Die Details werden in dieser Reihenfolge angezeigt:

- Das Leuchtmuster.
- Die Anzahl der »Blitze«.
- Die Farbe. Wird keine Farbe angegeben, ist das Feuer weiß.
- Die Zeitperiode für ein vollständiges Leuchtmuster, z. B. die Zeit für einen Zyklus.
- Die Höhe des Feuers über MSpHW bei Baken und Leuchttürmen.
- Die nominale Reichweite in Seemeilen. Das bedeutet nicht, dass es aus der angegebenen Entfernung von der Flybridge oder von der Plicht aus gesehen werden kann. Wie weit ein Feuer sichtbar ist, hängt von der Höhe und Helligkeit des Feuers, der Augenhöhe des Beobachters und den Wetterbedingungen zum jeweiligen Zeitpunkt ab. Der nominale Reichweitenbereich soll die Helligkeit eines Feuers angeben.

Die Liste der möglichen **Kennungen** ist ziemlich lang.

F... für ein Festfeuer (nicht blinkend). Diese werden meist am Ende eines Piers und Stegs benutzt, z. B. sind **2FR (vert)** oder **2FG (vert)** 2 Festfeuer in rot (R) oder grün (G), die vertikal gezeigt werden. Es ist wichtig, diese von dem Blinklicht zu unterscheiden, das man an einer Tonne oder Leuchtbake sieht. Ein kleines Schiff in einem stark befahrenen Schifffahrtsgebiet kann bei ausreichender Wassertiefe manchmal besser die »falsche« Seite einer Fahrwassertonne passieren, um Handelsschiffen aus dem Weg zu gehen. Es ist offensichtlich unsicher, die andere Seite eines Festfeuers zu passieren, da das Licht an Land steht!

Fl... für ein Blitzfeuer, z. B. Fl (2). Die Anzahl der Blitze steht in Klammern.
LFL... für ein Blinkfeuer.
Q... für ein Funkelfeuer mit dauerndem Funkeln.
Iso... für ein Gleichtaktfeuer, d. h. die Intervalle mit ein-/ausgeschaltetem Feuer sind gleich lang.
Oc... für ein unterbrochenes Feuer. Diese Kennung ist dem Blitzfeuer ähnlich, nur das hier die Unterbrechungen gezählt werden. Bei dem Blitzfeuer ist das Feuer grundsätzlich aus und wird nur kurz eingeschaltet. Bei einem unterbrochenen Feuer ist das Feuer grundsätzlich an und wird nur kurz ausgeschaltet.
Mo... steht für Morsefeuer, z. B. **Mo (A)** oder **Mo (U)**. In den Klammern steht der entsprechende Buchstabe des Morsealphabets.

Die Farbe wird mit eindeutigen Abkürzungen angegeben:

R... für Rot.

G... für Grün.

Y... für Gelb (yellow).

Diese kommen am häufigsten vor, aber es gibt auch **Bu** (Blau) und **Or** (Orange).

Dieselben Buchstaben werden unter das Piktogramm der Tonne oder Bake geschrieben, um deren Farbe anzugeben.

Die gesamte Kennung wird in einer festgelegten Reihenfolge mit der Angabe der Sekunden am Ende, z. B. 5 s oder 10 s, zusammengestellt. Dies ist die Zeitspanne, bevor sich die Abfolge wiederholt, und nicht die Unterbrechung.

Hier ein paar Beispiele zum Entziffern:
(Die Antworten finden Sie auf Seite 96.)

a) Fl (2) 20s 12m 24M auf einem Feuerschiff

b) VQ (6) + LFl 10s

c) Mo (U) 15s 2m 3M an einer Bake

d) Fl Y 2.5s

e) Iso 10s

f) Oc (2) WR 15s 10m 18M auf einem Leuchtturm, wo der Sichtbarkeitsbereich des roten und weißen Lichts auf der Karte angezeigt wird. Der Sektor ist der Bereich, in dem das Feuer sichtbar ist. Die Sektoren sind auf der Karte markiert und helfen, Schiffe in einen engen Hafen zu leiten oder sie vor Gefahren wie Felsen zu schützen (siehe Abb. 59).

Eine Kennung, die nicht entschlüsselt werden kann, kann in den entsprechenden Publikationen der britischen Admiralität oder des Bundesamts für Seeschifffahrt nachgeschlagen werden (siehe Seite 8).

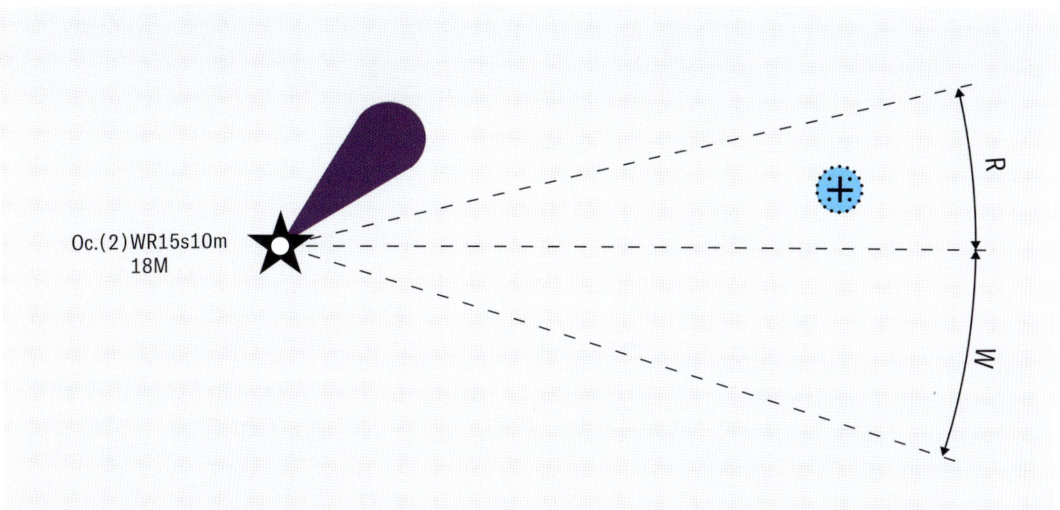

Abb. 59 Ein Leuchtfeuer mit Sektoren

Tonnen und Baken

Hiervon gibt es grundsätzlich drei Klassen:

- **Laterale Seezeichen** sind rot oder grün.
- **Kardinale Seezeichen** sind schwarz und gelb.
- **Andere Seezeichen**, die bei Bedarf verwendet werden: Sonderbojen in Gelb; Fahrwasserkennzeichen in Rot und Weiß; die Kennzeichnung einzelner Gefahrenstellen in Rot und Schwarz; die vorrübergehende Kennzeichnung von neuen Wracks in Gelb und Blau.

Laterale Seezeichen

Diese markieren die Fahrrinne und zeigen an, wo sich das tiefste Wasser befindet. Das heißt aber nicht unbedingt, dass es bei jedem Tidenstand tief genug für das Boot ist.

Große Schifffahrtsstraßen können so tief sein, dass das Wasser auch außerhalb des Fahrwassers ausreichend tief ist. In manchen Häfen sind kleinere Boote gezwungen den Vorschriften nach, außerhalb des Fahrwassers zu fahren. Informationen hierfür finden Sie im Almanach. Laterale Seezeichen werden oft Backbord- und Steuerbordtonnen genannt. Ob der Skipper diese an Backbord oder Steuerbord lassen muss, hängt davon ab, ob man flussauf- oder abwärts fährt, bei einem Hafen ein- oder auslaufen will, und ob man innerhalb oder außerhalb des Fahrwassers fahren muss.

Also sollten wir es bei der Unterscheidung in Rot und Grün, Tonne oder Bake belassen. **Für die IALA-Region A sollten, wenn man vom Meer kommt, rote Bojen an Backbord und grüne Bojen an Steuerbord liegen, um im markierten Fahrwasser zu bleiben** (Abb. 60). Bei der IALA-Region B ist es andersherum.

Von See aus ist die Richtung meist offensichtlich, aber an Stellen, die nicht eindeutig sind, gibt es ein Symbol (Abb. 61), das die Richtung der Betonnung angibt.

Die Befeuerung der roten und grünen Tonnen ist einfach erklärt. Alle roten Tonnen blitzen Rot und alle grünen Tonnen blitzen Grün, wenn sie befeuert sind.

Einige sehr kleine Fahrrinnen sind durch Weidenruten markiert, die in den Schlamm oder Sand gesteckt werden, oder durch kleine Bojen, die von Yachtclubs platziert werden.

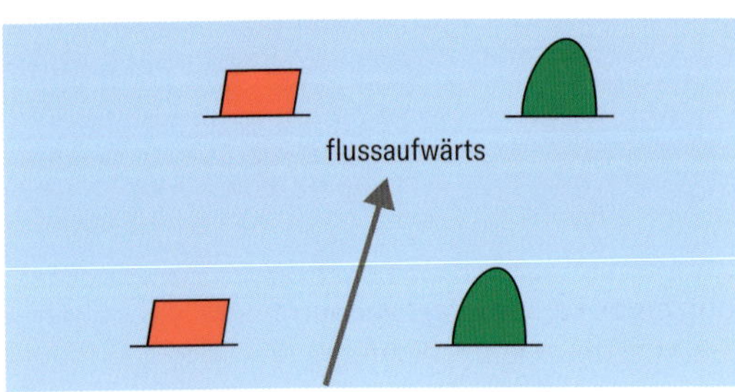

Abb. 60 Laterale Tonnen für die IALA Region A

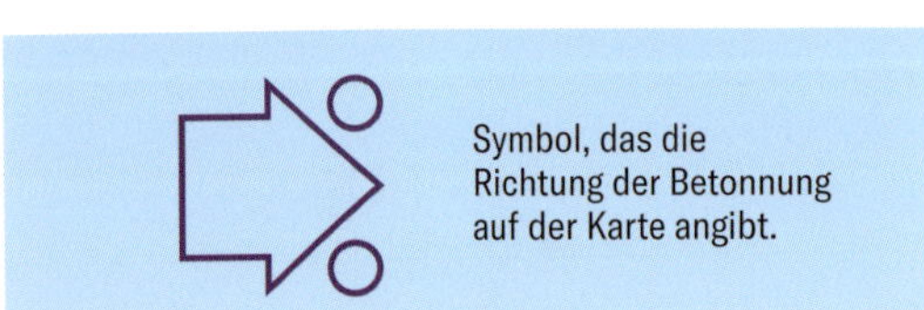

Abb. 61 Richtung der Betonnung

Kardinale Tonnen & Baken

Das übliche Bild von vier Untiefentonnen, die um eine Gefahrenstelle herum angeordnet sind, vermittelt den Eindruck, dass alle Gefahrenstellen so gekennzeichnet sind. Das ist nicht so. Eine Sandbank, die mehrere Seemeilen lang ist, könnte z. B. nur alle paar Seemeilen mit einer Tonne gekennzeichnet sein. Eine gute Navigation, nicht die Betonnunge, ist der Geheimtipp zur Vermeidung von Gefahrenstellen.

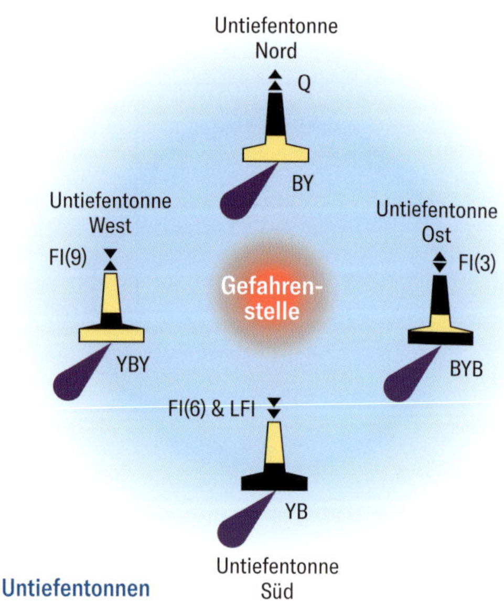

Untiefentonnen

Zur besseren Identifizierung sind die Untiefentonnen mit eindeutigen Toppzeichen, Farbkennungen und einer Befeuerung versehen worden. Sie tragen die Bezeichnung Nord, Süd, Ost und West und der Steuermann weiß dann, an welcher Seite man passieren kann. **Eine Untiefentonne Nord passiert man im Norden, eine Untiefentonne Süd im Süden** usw. Die Form der Toppzeichen ist leicht zu lernen. Für Nord zeigen zwei Dreiecke nach Norden, für Süd zeigen beide nach Süden. Bei dem Toppzeichen Ost zeigen beide Spitzen nach außen (man kann ein »O« darumlegen), für West erkennt man ein »X«. Die Toppzeichen sind zwar leicht zu lernen aber auf weite Entfernung hin evtl. schwer zu sehen, daher sollten Sie das Farbschema auch lernen. Das Muster ist eigentlich recht logisch: Die Spitzen der Dreiecke zeigen immer zur Farbe Schwarz. Bei der Untiefentonne Nord zeigen beide Dreiecke nach oben, also ist die Tonne oben schwarz (und unten gelb).

Dann gilt es nur noch die Befeuerung zu lernen. Die Farbgebung ist einfach, wenn man weiß, dass **alle roten Tonnen rote Feuer, alle grünen Tonnen grüne Feuer, alle gelben Tonnen gelbe Feuer und alle anderen weiße Feuer** haben. Die Anzahl der angezeigten Blinkzeichen gilt für alle Kardinaltonnen und sie sind wie auf einem Zifferblatt angeordnet, wobei Norden kontinuierlich blinkt, Osten dreimal blinkt, Süden sechsmal blinkt (mit einem zusätzlichen langen Blinkzeichen) und Westen neunmal.

Andere Seezeichen

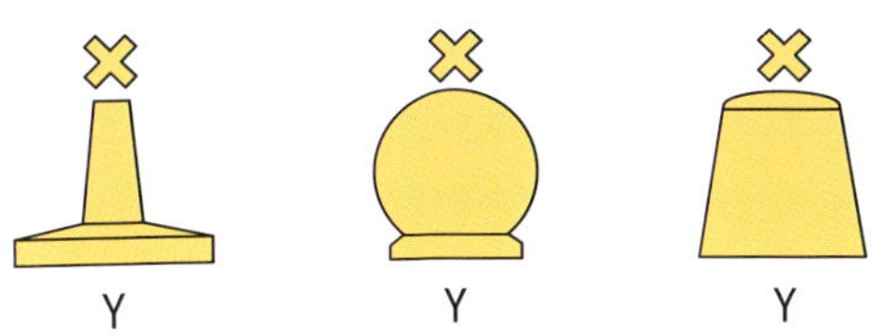

Seezeichen zur Markierung besonderer Orte

Besondere Orte werden mit gelben Tonnen gekennzeichnet, die keine Relevanz für die Navigation haben. Mit diesen Tonnen können Regattabahnen, Wendemarken, Wasserskibereiche, Ankerplätze oder andere Dinge gekennzeichnet werden. Die Formen sind unterschiedlich, die Befeuerung ist jedoch immer gelb (wenn es eine gibt).

Die Tonnen für die **Zufahrt zum Fahrwasser** oder die **Mitte einer Schifffahrtsstraße** haben rote und weiße vertikale Streifen. Die Kennung der Befeue-

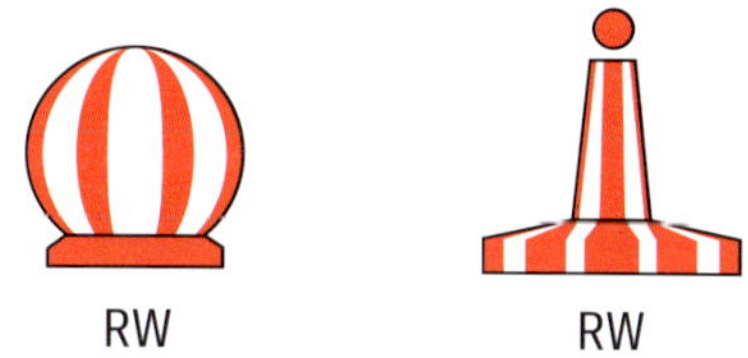

Zufahrt Fahrwasser / Mittfahrwassertonnen

rung kann LFl, Oc, Iso oder Mo (A) sein und ist immer weiß.

Die **Einzelgefahrentonne** weist auf eine Gefahrenstelle hin, in deren Umgebung das Wasser jedoch sicher ist. Die Tonne hat rote und schwarze horizontale Streifen und das weiße Feuer hat die Kennung Fl (2). Die Befeuerung kann man sich leicht merken: Schauen Sie sich das Toppzeichen an.

Einzelgefahrentonne

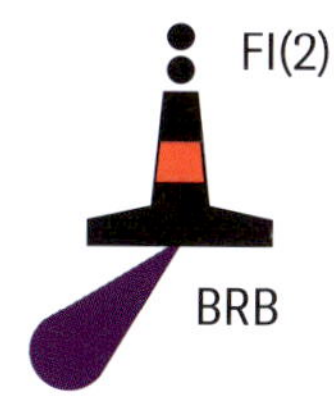

Die **Not-Betonnung eines Wracks** wird in die unmittelbare Nähe des Wracks gelegt. Sobald die Untersuchung des Wracks abgeschlossen ist, wird entweder die Gefahrenquelle entfernt oder eine dauerhafte Betonnung wird eingerichtet.

Not-Betonnung neues, gefährliches Wrack

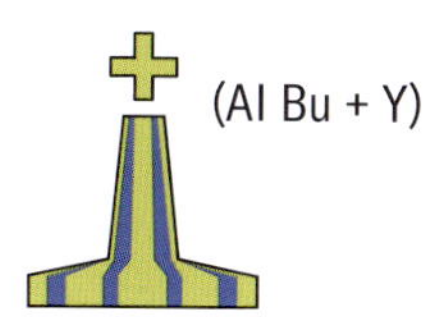

Eine der folgenden Tonnen kann an einer Gabelung eines Fahrwassers verwendet werden, um die Hauptroute zu kennzeichnen.

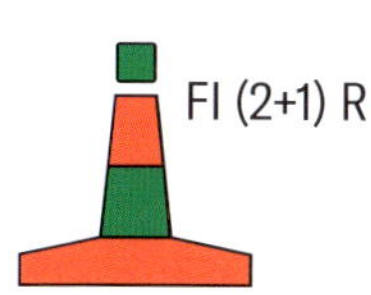

Das Hauptfahrwasser ist an Steuerbord.

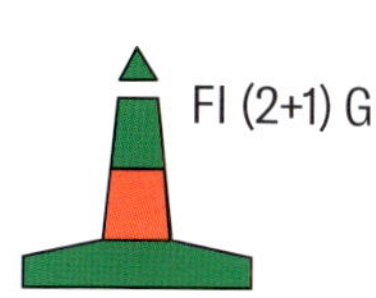

Das Hauptfahrwasser ist an Backbord.

Navigation nach Küstensicht

Die Planung

Die Navigation in Küstensicht unterscheidet sich stark von der Navigation auf See, weil sie größtenteils visuell erfolgt. Auf Flüssen und in bekannten Revieren ist das Ganze eine entspannte Sache. Wir wissen, wo wir sind, und kennen die Gefahrenstellen. Wenn wir aber ein neues Revier erkunden, sollten wir niemals die Besonderheiten (besonders bei Nacht) unterschätzen. Das ist wie ein Ausflug in eine Stadt, die man noch nicht kennt: es gibt zu viele Schilder, zu viele Kreuzungen und zu viele Entscheidungen zu treffen ... und prompt hat man sich verfahren!

Begibt man sich mit dem Boot in ein Gebiet mit wenig Platz, flachem Wasser oder gefährlichen Felsen in der Nähe, wird es spannend. Entscheidungen müssen schnell getroffen werden und evtl. hat man einen langen ermüdenden Tag bereits hinter sich. Für eine ausgiebige Navigation am Kartentisch ist keine Zeit, zumal die Person dann an Deck fehlt. Es ist wichtig, dass auch die nicht-steuernden Crewmitglieder an Deck sind und Ausschau nach möglichen Problemen halten. Es fehlt auch die Zeit, die Position mit dem GNSS zu ermitteln, Peilungen vorzunehmen oder mehr als für einen kurzen Augenblick in die Karte zu schauen. Es muss also vorausschauend ein Plan aufgestellt werden.

Hierzu gibt es ein paar Dinge zu bedenken:

- Je mehr Personen nach den verschiedenen Tonnen Ausschau halten und diese nach ihrer Kennung und Farbe identifizieren, desto besser. Nachts sind viele Lichter zu sehen, sodass eine Tonne darunter schwer auszumachen sein kann. **Daher muss jeder mithelfen.**
- Stellen Sie sicher, dass Ihre **detaillierte Seekarte** die aktuelle Betonnung zeigt.
- Bei schlechter Sicht kann es notwendig werden, dem **Steuermann** einen Kurs zur nächsten Tonne anzugeben. Beziehen Sie dies in Ihre Planung mit ein. Diese Information sollte auch beinhalten, an welcher Seite die Tonne passiert werden soll und wie der Tidenstrom wirkt. Bei Nacht geben Sie auch die Entfernung zur nächsten Tonne an, aber immer nur zur nächsten. Man kann sich die gesamten Informationen nicht auf einmal merken, zumal man die Karte nicht selbst gesehen hat.
- Machen Sie es nicht zu kompliziert, und wenn möglich fahren Sie unter **Motor**.
- Der **Almanach** enthält in der Regel die aktuellen Informationen, da er jährlich neu aufgelegt wird, einschließlich lokaler Richtlinien und Signalzeichen für die Hafeneinfahrt.
- Überwachen Sie den **UKW**-Kanal des Hafens, um Informationen über Schiffsbewegungen zu erhalten. Überprüfen Sie, ob Sie über UKW eine Genehmigung einholen müssen, um in den Hafen einzulaufen.
- Das örtliche Hafenhandbuch gibt Tipps zu Marinas, Liegeplätzen und Ankerplätzen, manchmal mit Bildern oder Luftaufnahmen.
- Beachten Sie die **Wassertiefe**. Möglicherweise ist es nicht möglich, bei jedem Tidenstand in den Fluss, den Hafen oder den Yachthafen einzulaufen.
- Erstellen Sie einen Notfallplan für den Fall, dass Sie zu früh/spät ankommen, es zu dunkel oder zu stürmisch ist, um einzulaufen.
- Gibt es genügend **befeuerte Tonnen** für eine sichere Navigation in der Dunkelheit? Denken Sie daran, dass unbefeuerte Tonnen, sogenannte »blinde Tonnen« eine Gefahr darstellen können.
- Überwachen Sie die **Fahrt über Grund**. Tagsüber ist dies durch einfache Beobachtung möglich, nachts ist das GNSS dafür besonders nützlich. Im Dunkeln vergisst man leicht, welche Auswirkungen die Tidenströme auf das Boot haben. Das Boot kann viel schneller fahren als es auf dem Log angezeigt wird. Aber wenn Sie zu langsam fahren, wird das Boot stärker von der seitlichen Abdrift beeinflusst.
- Sie müssen wissen, was der **Tidenstrom** macht. Neben der Erhöhung oder Verringerung der Fahrt über Grund kann er auch für eine seitliche Abdrift des Bootes sorgen und es in seichtes Wasser versetzen.
- Halten Sie einen **Handpeilkompass** bereit und verwenden Sie Achteraus-Peilungen und Gefahrengrenzen, um sicherzustellen, dass sich das Boot an einer sicheren Position befindet.

- Das **Echolot** und seine akustischen **Warnsignale** können in flachem und tiefem Wasser sehr nützlich sein. Nutzen Sie diese, denn es ist unmöglich, die Anzeige ständig zu beobachten. Wenn Sie einem betonnten Fahrwasser folgen, insbesondere nachts, stellen Sie den Flachwasseralarm so hoch wie möglich ein, sodass er gerade nicht auslöst. So erhalten Sie eine Frühwarnung, wenn das Boot beginnt, aus dem Fahrwasser zu driften. Stellen Sie den Alarm nicht auf 2,0 m ein, das könnte zu spät sein, stellen Sie ihn hoch ein, um rechtzeitig gewarnt zu werden.
- Der Tiefwasseralarm kann verwendet werden, um zu warnen, dass das Schiff in die Mitte des Fahrwassers abdriftet. In einem belebten Handelshafen ist es möglicherweise am besten, das Fahrwasser ganz zu meiden (falls möglich). Dies kann sogar eine örtliche Vorschrift sein.
- **Planen Sie im Voraus.** Erstellen Sie einen funktionalen Plan, einschließlich der Betonnung und Befeuerung, und wählen Sie einen guten **Startpunkt**. Die Mittfahrwassertonne in der Hafeneinfahrt ist ein guter Ausgangspunkt. Ansonsten suchen Sie sich eine geeignete Tonne aus. Sie müssen wissen, wo Sie sich befinden, wenn Sie losfahren.
- Es ist in Ordnung, den Tonnen zu folgen, aber nehmen Sie eine nach der anderen, wie Trittsteine, und orientieren Sie sich nicht direkt nach einer weiter entfernt liegenden Tonne. Achten Sie darauf, dass Sie keine Tonne auslassen und nicht versehentlich eine Abkürzung nehmen.
- Seien Sie nachts vorsichtig bei der Verwendung von zusätzlichen Lichtquellen, da diese Ihre Nachtsicht beeinträchtigen. Die Instrumente an Deck und die Beleuchtung des Kartentisches müssen zwar nutzbar sein, dürfen aber nicht blenden.
- Mit einer kleinen **Taschenlampe** an Deck können Sie den Navigationsplan besser lesen. Erinnern Sie die Crew, unter Deck kein Licht zu nutzen.
- Verwenden Sie den Decksscheinwerfer nur, wenn es unbedingt notwendig ist, da er blenden kann.

Es gibt ein oder zwei Navigationstechniken, die einfach und schnell sind.

Deckpeilung

Einige kleine Flüsse und Häfen haben Pfosten, andere Schifffahrtszeichen oder Leuchtfeuer, die beim Durchfahren als Orientierungshilfe dienen. Diese sind auf der Karte eingezeichnet oder im Hafenhandbuch beschrieben, wo man sogar Fotos finden kann, die diese Hilfen zeigen. Wenn zwei dieser Objekte oder Feuer in einer Linie stehen, achtern oder voraus, dann bilden sie eine Deckpeilung.

Man kann dieselbe Methode anwenden, indem man ein Objekt, z. B. die nächste Tonne, im Verhältnis zum Hintergrund dahinter betrachtet. Wenn Sie das Boot so ausrichten, dass der Hintergrund stabil hinter der Tonne bleibt, haben Sie ebenso eine Deckpeilung (siehe Abb. 62).

Deckpeilungen

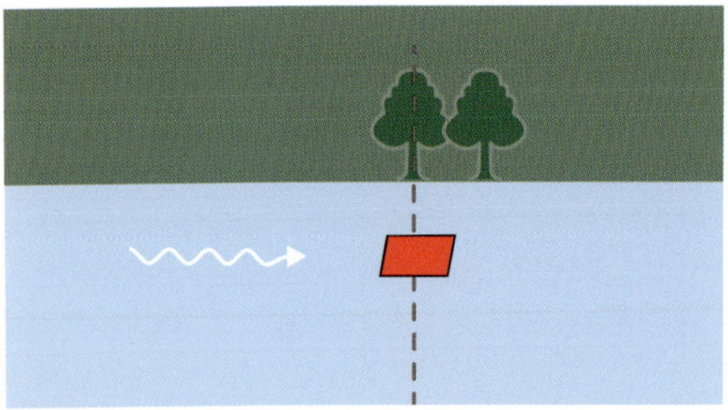

Abb. 62 Nutzen Sie die Tonne und das Ufer als Deckpeilung.

Peilung achteraus

Eine Peilung achteraus funktioniert sehr gut, insbesondere bei querlaufender Strömung. Mit ihr kann man prüfen, ob das Boot auf Kurs ist oder nach Backbord / Steuerbord versetzt fährt. Überlegen Sie im Vorhinein, in welche Richtung Sie steuern müssen, wenn die Peilung zeigt, dass Sie vom Kurs abgekommen sind.

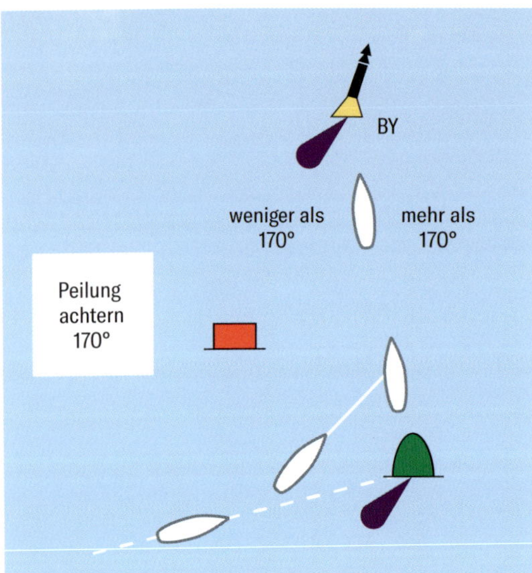

Abb. 63 Einsatz von Peilungen achteraus

Problem:
Die Einfahrt in den Hafen ist bei Tag leicht zu bewältigen, aber nachts gibt es zwei Gefahrenstellen:

1. Die Kursänderung in die Einfahrt erfolgt gefährlich nahe an der grünen Fahrwassertonne.
2. Erfolgt die Kursänderung zu früh, könnte man die rote unbefeuerte Tonne treffen, die nahe am KüG liegt.

Lösung:
Mit einer frühen Kursänderung vermeiden Sie die grüne Tonne. Peilen Sie diese an, um sicherzustellen, dass das Boot in sicherem Abstand ist. Gehen Sie auf den neuen Kurs, sobald die Peilung achteraus 170° beträgt und bleiben dann auf Kurs. Überprüfen Sie die Peilung achteraus: Wenn es mehr als 170° werden, korrigieren Sie nach Backbord, bei weniger als 170° nach Steuerbord.

GNSS-Wegpunkt

Platzieren Sie einen Wegpunkt in eine Flussmündung und prüfen den Kursabweichungsfehler auf ähnliche Weise. Zeichnen Sie den Kurs, die Distanz und den XTE wie eine Leiter ein (Abb. 64). In diesem Fall benötigen Sie kein Objekt auf der Karte, das angepeilt wird.

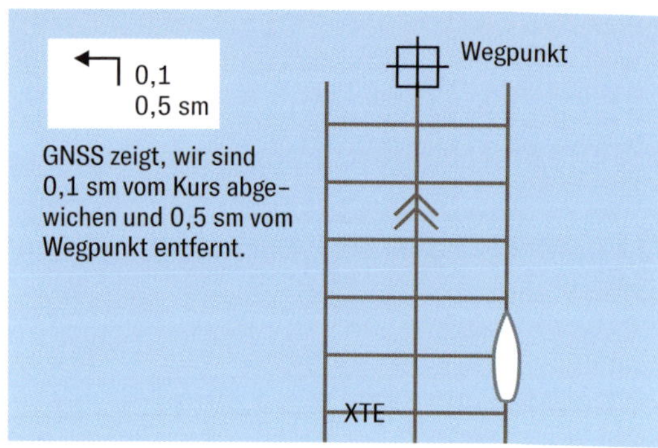

Abb. 64 Einsatz des XTE bei einem GNSS-Wegpunkt

Wegpunkt-Netz

Man benötigt etwas Zeit, um dieses Netz auf die Karte zu übertragen, aber es zeigt sofort die ungefähre Position an (Abb. 65). Mit einer laminierten Karte an Deck ist dies nützlich für die Navigation bei hoher Geschwindigkeit.

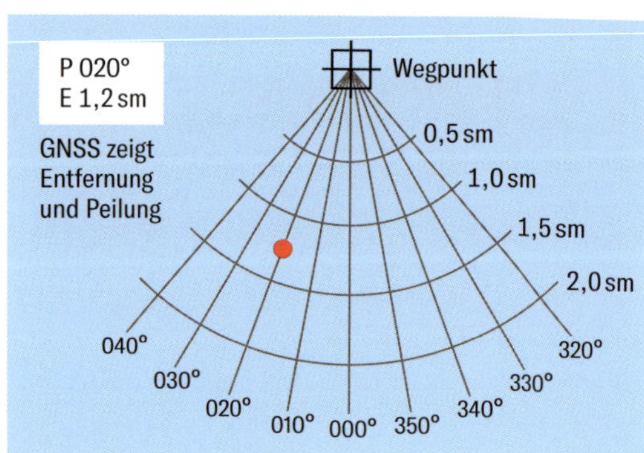

Abb. 65 Wegpunkt-Netz

Gefahrengrenzen

Es können ein oder zwei Gefahrengrenzen festgelegt werden, um das Boot von unsichtbaren Gefahrenstellen freizuhalten. Die Linie wird gezogen, um den sicheren Sektor abzutrennen. Durch Überprüfung der Peilung weiß der Skipper, dass das Boot diese Linien nicht überquert hat.

Um im sicheren Sektor zu bleiben, muss die Peilung der roten Tonne (siehe Abb. 66) wie folgt sein:

- Nicht mehr als 020°.
- Nicht weniger als 340°.

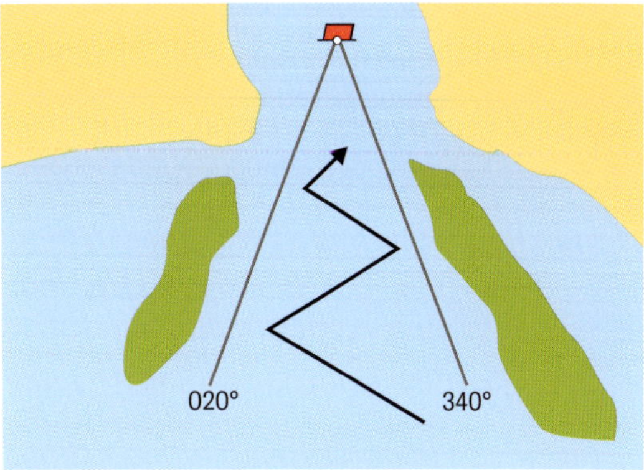

Abb. 66 Einsatz von Gefahrengrenzen

Der Navigationsplan

Er kann in Form einer Liste, einer Routenkarte oder einer Skizze gemacht werden, je nach Situation und Vorliebe des Skippers. Achten Sie bei der Skizze auf Maßstab und Richtung, um keine falschen Eindrücke zu erwecken.

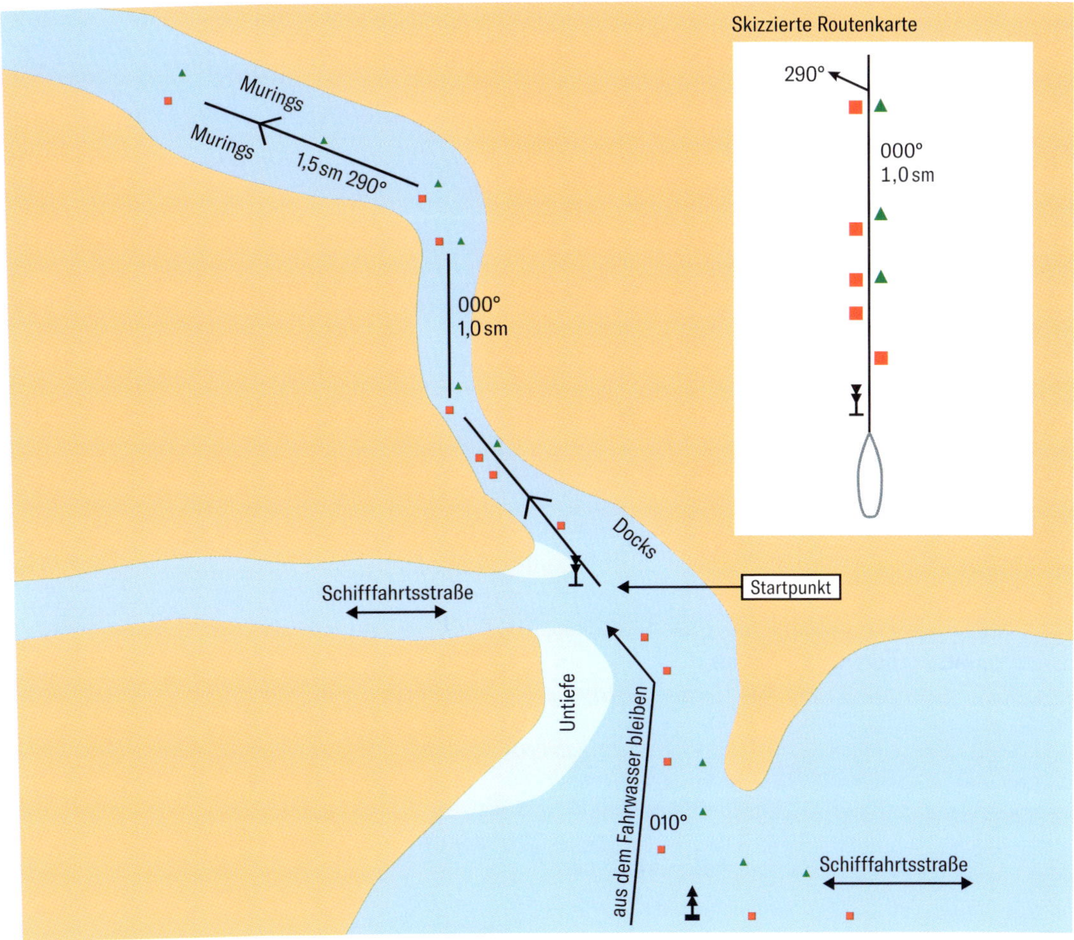

Abb. 67 Eine Ablauf-Skizze, die auf der Karte basiert.

Törnplanung
Die Vorschriften

Zum Glück gibt es nicht viele Vorschriften, die wir beachten müssen, wenn wir aufs Wasser gehen, aber ein paar gibt es schon:

- Wenn Sie ein UKW/DSC- oder ein UKW-Funkgerät auf dem Boot haben, ist eine **Seefunklizenz** erforderlich. In der Lizenz müssen alle Funkgeräte auf dem Boot aufgeführt sein. Mit dieser Lizenz erhält das Boot ein internationales Rufzeichen und eine MMSI-Nummer, die in das UKW/DSC-Gerät einprogrammiert werden muss.
- Mindestens ein Mitglied der Besatzung muss über das entsprechende Funkzeugnis verfügen, entweder über die alte UKW-Lizenz bei einem einfachen UKW-Gerät oder über das SRC (Short Range Certificate), wenn es ein UKW/DSC-Gerät ist. Die gesamte Crew sollte das Funkgerät sowohl für Routine- als auch für Notfallkommunikation bedienen können. Zur Unterstützung kann eine Anleitung für den Notfallfunkverkehr am Gerät angebracht werden. Die Prüfungen für die Funkzeugnisse können beim Deutschen Motoryachtverband (DMYV) oder beim Deutschen Seglerverband (DSV) abgelegt werden.
- Das **SOLAS V Übereinkommen** trat im Juli 2002 in Kraft. Die enthaltenen Vorschriften sind Teil von Kapitel V des Internationalen Übereinkommens zum Schutz des menschlichen Lebens auf See, das größtenteils für große Handelsschiffe gilt.

Die Vorschriften wirken sich auf die Törnplanung und die Sicherheit aus.

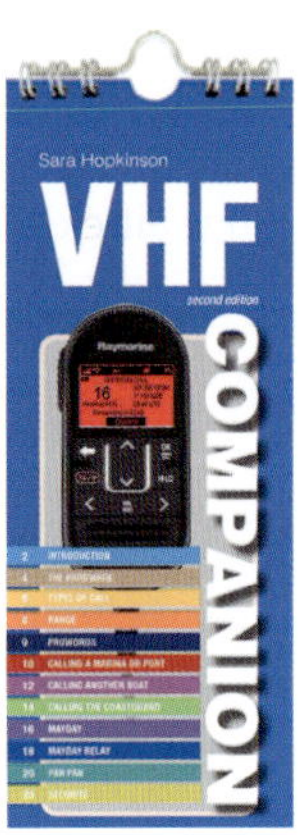

1. Törnplanung

Die Regeln besagen, dass alle Törns im Voraus geplant werden sollten. Dies muss **nicht** schriftlich festgehalten und dann bei den Behörden eingereicht werden, aber Schiffsführern wird empfohlen, vor der Abfahrt Folgendes zu beachten:

Das Wetter

Schauen Sie sich vor dem Ablegen die Wettervorhersage an und holen Sie sich während einer längeren Überfahrt regelmäßig Updates ein. Für Tagestörns oder ein Wochenende ist das ganz einfach. Fernsehen, Radio und Internet bieten gute Informationen, und in vielen Yachthäfen wird die lokale Küstenvorhersage ausgehängt. Am einfachsten ist es, die Sicherheitshinweise für den Seeverkehr der Küstenwache zu hören. Diese werden auf dem UKW-Kanal 16 angekündigt und dann auf einem Arbeitskanal vorgelesen. Die Sendezeiten und Kanäle werden im Almanach veröffentlicht. Für Vorhersagen, die ein größeres Gebiet abdecken, ist der Seewetterbericht im BBC-Radio (international), vom deutschen Wetterdienst oder über einen Navtex-Empfänger verfügbar.

Die Gezeiten

Planen Sie den Törn passend zu den Gezeiten. Die Gezeitenhöhen für das Ein- und Auslaufen in und aus Marinas und Häfen müssen berücksichtigt werden, ebenso wie die günstigsten Gezeitenströme.

Die Beschränkungen des Schiffes

Das Boot und seine Ausrüstung müssen für den geplanten Törn geeignet sein. Wie rau die Passage sein wird, hängt von der Windstärke, der Entfernung vom geschützten Ufer, der Dauer, die der Wind bereits in dieselbe Richtung weht, und der Wassertiefe ab. Bedenken Sie, wie sich die Bedingungen insbesondere auf Ihr Boot auswirken werden. Ein Wind der Stärke 4 oder 5 ist auf einem 18-Fuß-Boot eine ganz andere Erfahrung als auf einem 45-Fuß-Boot. Die Form und der Typ des Boo-

Diese beiden Bücher sind hilfreich im Umgang mit dem Funkgerät.

tes sowie die Fahrtrichtung in Bezug auf den Wind spielen ebenfalls eine große Rolle.

Die Fähigkeiten der Crew ... und des Skippers.

Der Törnplan muss für den Skipper und die Crew realistisch sein. Sie sollen den Törn ja genießen, nicht einfach nur überleben. Durch zu lange Passagen oder wenn die Crew krank wird, sinkt die Motivation für den nächsten Törn! Sie müssen gut vorbereitet sein und warme, wasserdichte Kleidung oder Sonnencreme und Hüte bei Bedarf dabeihaben. Es muss ausreichend leicht verfügbare Nahrung geben, die für die Bedingungen geeignet ist. Seien Sie immer ehrlich zu Ihrer Crew! Wenn es etwas rau zugehen könnte, dann sagen Sie es. Erklären Sie, wie lange es dauern wird, und welche Maßnahmen Sie ergriffen haben, um die Fahrt sicher und spannend zu machen.

Fragen Sie sich nicht nur, ob die Crew der Passage gewachsen ist, sondern auch, ob Sie als Skipper der Aufgabe gewachsen sind. Seien Sie ehrlich zu sich selbst und lassen Sie sich nicht dazu drängen, den Törn anzutreten, nur weil Sie zugesagt haben. Wenn Ihnen die Wettervorhersage nicht zusagt oder Sie sich nicht bereit für die Passage fühlen, dann fahren Sie nicht. Man kann sich aber auch gut vorbereiten, sich die Lage vor Ort ansehen und bei schlechten Bedingungen auf See umkehren und den Abend woanders entspannt ausklingen lassen. Bei einem Wochenendausflug müssen wahrscheinlich alle am nächsten Tag zurückkehren, also prüfen Sie auch die Aussichten in der Wettervorhersage.

Die Gefahrenquellen in dem Gebiet

Achten Sie bei der Planung auf mögliche Gefahren. Dazu gehören Felsen, Sandbänke, große Schiffe, Fischereifahrzeuge, Fischreusen, raue Gewässer oder Strömungen, militärische Aktivitäten in einem Schießgebiet oder U-Boot-Übungsgebiet oder eine Hauptschifffahrtsroute.

Ein Notfallplan

Haben Sie stets einen Notfallplan zur Hand. Was tun und wohin gehen, wenn sich die Bedingungen verschlechtern, die Crew zu müde, zu kalt oder zu seekrank ist, um weiterzumachen, oder wenn Sie am Yachthafen oder Fluss ankommen und es zu spät, zu dunkel, zu rau oder zu flach ist, um einzulaufen? Eventuell kann man in einen anderen Hafen ausweichen, man muss umkehren oder vor Anker gehen.

Informationen an Land hinterlassen

Sagen Sie jemandem, wohin Sie fahren und wann Sie zurückkommen. Sowohl bei der DGzRS als auch bei der RYA wird die App »Safetrx« kostenfrei zum Download angeboten. In Notsituationen können mithilfe der App Angehörige und die Küstenwache informiert werden.

Es ist eine Sache des gesunden Menschenverstandes, diese Hilfen zu nutzen, und sollte nicht als Belastung angesehen werden. Mit etwas Erfahrung und bei kurzen Törns wird ein Großteil dieser Planung automatisch ablaufen und kann im Kopf des Skippers erfolgen. Es ist jedoch ratsam, ein paar schriftliche Notizen zu machen, damit die Crew einbezogen werden kann.

2. Radarreflektoren

Alle Schiffe müssen, soweit möglich, einen Radarreflektor so hoch wie möglich anbringen. Große Schiffe verlassen sich stark auf das Radar, und ohne einen Radarreflektor werden kleine Boote möglicherweise nicht gesehen. Der Radarreflektor ist ein passives Gerät, das genau das tut, was es verspricht – es reflektiert die Radarsignale anderer Schiffe, um das Boot auf deren Bildschirm besser sichtbar zu machen.

Seenotsignale

An Bord sollte sich ein Schaubild mit Seenotsignalen befinden, das die Signale zeigt, die von Schiffen, Flugzeugen oder Personen in Not verwendet werden, um mit Rettungskräften zu kommunizieren. Dieses ist of im Almanach zu finden und die Signale verstehen sich zusätzlich zu den normalen roten Signalraketen, Leuchtsignalen und orangefarbenen Rauchzeichen. Ein illustriertes Schaubild dieser Signale finden Sie auf der nächsten Seite. Jede Sichtung sollte der Küstenwache gemeldet werden.

3. Anderen Hilfe leisten

Wenn der Skipper oder die Crew eine Gefahr sehen, wie z. B. eine beschädigte oder unbefeuerte Tonne, oder wenn ein Notsignal gesichtet oder ein Rettungsring gefunden wird, sollte so schnell wie möglich eine Meldung an die Küstenwache erfolgen. Wenn ein anderes Schiff Hilfe benötigt, muss diese geleistet werden, sofern dies sicher und vertretbar ist.

4. Missbrauch von Seenotraketen

Es ist illegal und unverantwortlich, Seenotzeichen abzusetzen, wenn man nicht in Seenot ist, auch auf einer Party am Lagerfeuer. Alle Sichtungen von Signalraketen, die der Küstenwache per Funk oder Telefon gemeldet werden, werden untersucht, sodass Ressourcen von einem echten Notfall abgezogen werden könnten. Sobald Signalraketen ihr Verfallsdatum überschritten haben, müssen sie ordnungsgemäß entsorgt werden. Einige Ausrüster oder Service-Stationen für Rettunginseln nehmen sie an – erkundigen Sie sich vor Ort. Werfen Sie alte Signalraketen nicht über Bord, werfen Sie sie nicht in den Müll und vergraben Sie sie nicht im Garten!

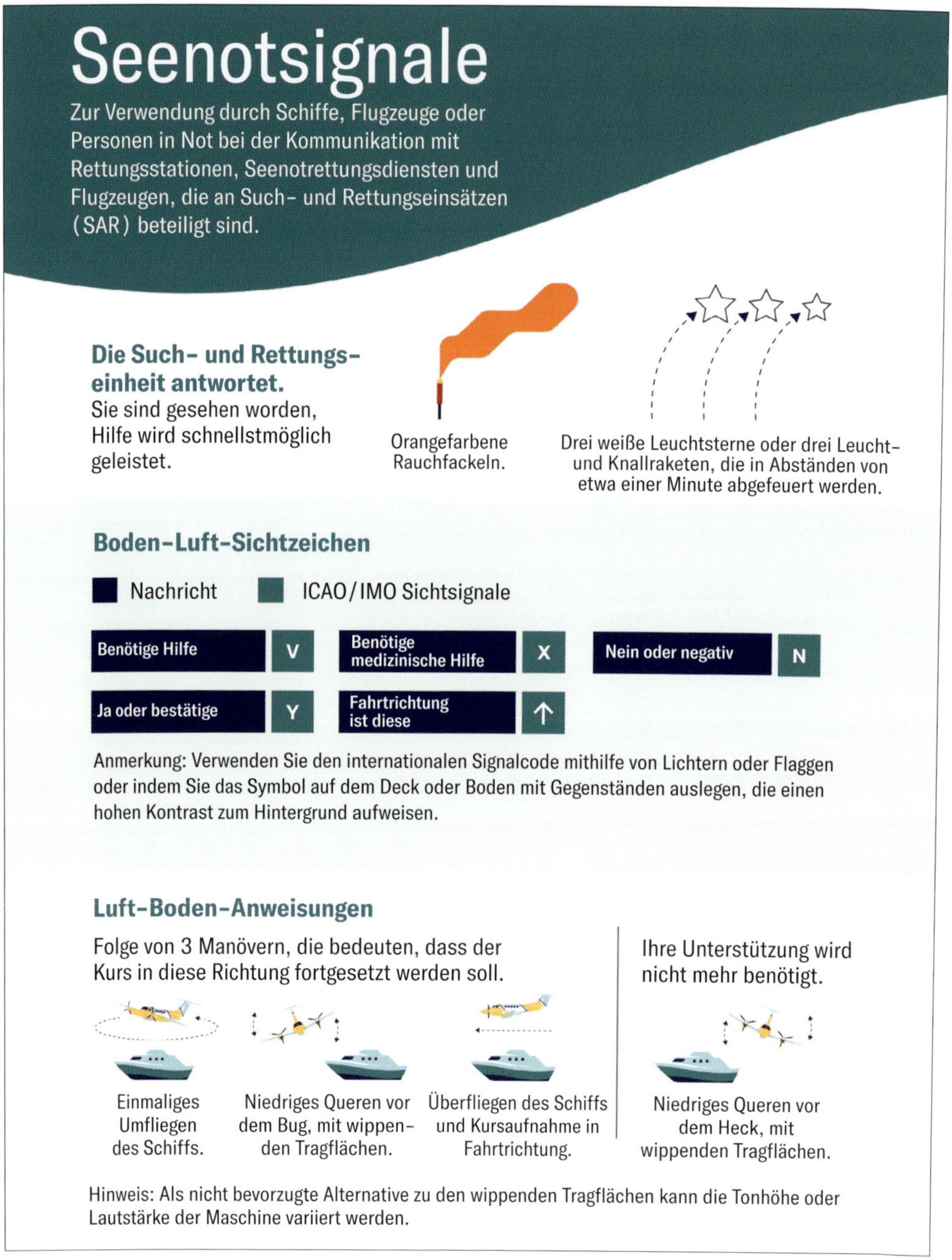

Wenn Sie einen Törn im Ausland planen, sollten Sie sich unbedingt über die örtlichen Vorschriften informieren, die in der Regel weitaus komplizierter und restriktiver sind. Auf den Webseiten der RYA und des DSV finden Sie ausgezeichnete und aktuelle Ratschläge. In einigen Ländern benötigen der Skipper oder alle Steuerleute evtl. das Internationale Befähigungszeugnis (ICC). Dies herauszufinden ist nicht schwierig und auch nicht zu teuer. Wenden Sie sich an eine örtliche Segelschule oder die Webseiten der RYA und des DSV, um Ratschläge zu erhalten.

Signale vom Ufer zum Schiff

Hier ist sicheres Anlanden möglich.

Vertikales Winken mit beiden Armen, weiße Flagge, Leuchtsignalen oder -fackeln.

Alternativer Morse-Code
Morsezeichen per Licht oder Ton.

K –·–

Das Anlanden hier ist gefährlich.
Zusätzliches Signal bedeutet: sicheres Anlanden in der angezeigten Richtung.

Horizontales Winken mit weißer Flagge, Leuchtsignalen oder-fackeln. Das Ablegen einer Flagge, Lichtsignals oder Leuchtfackel auf dem Boden und das Weggehen mit einer zweiten zeigt die Richtung für eine sicherere Landung an.

Alternativer Morse-Code
Morsezeichen per Licht oder Ton.

S ···

R ·–· Landen Sie rechts von ihrem aktuellen Kurs an.

L ·–·· Landen Sie links von ihrem aktuellen Kurs an.

Luft-Boden-Antworten.

Nachricht verstanden.

Abwurf einer Nachricht. Wippende Tragflächen. Blinkende Landescheinwerfer oder Navigationslichter, die zweimal ein- und ausgeschaltet werden.

Alternativer Morse-Code
Morsezeichen per Licht.

T – R ·–·

Nachricht nicht verstanden – bitte wiederholen.

Gerader und waagerechter Flug. Kreisen.

Alternativer Morse-Code
Morsezeichen per Licht.

R ·–· R ·–· T –

Boden-Luft-Antworten.

Nachricht verstanden – Ich werde mich daran halten.

Kurswechsel in die angegebene Richtung. Setzen des Antwortwimpels.

Alternativer Morsecode
Morsezeichen per Licht.

T –

Ich bin nicht in der Lage, Folge zu leisten.

Intenationale Flagge »N«

Alternativer Morse-Code
Morsezeichen per Licht.

N –·

Hinweis: Verwenden Sie das Signal, das am besten zu den vorherrschenden Bedingungen passt.

Törnplanung
Der Navigationsplan

Die Planung eines Törns macht ziemlich viel Spaß, ähnlich wie das Durchstöbern von Urlaubskatalogen. Bei einem Tagestörn besteht die Planung darin, die Gezeiten zu prüfen, sich die Vorhersage anzusehen und der Familie zu sagen: »Los geht's, das Wetter und die Gezeiten stimmen. Wir kommen rechtzeitig für ein Picknick an und sind zurück, bevor es Dunkel wird. Ich habe Oma gesagt, dass wir uns auf dem Rückweg gegen 8 bei ihr melden. Wenn es später wird, motoren wir nach Hause.«

Dieser Törnplan betrachtet zumindest die wichtigsten Aspekte:

- Ist das Wetter gut?
- Passt die Tide zur Zeitplanung?
- Reicht die Wassertiefe, um in den Fluss oder die Marina einzulaufen?
- Steht der Tidenstrom mit der Fahrtrichtung oder entgegen?
- Ist dieser Törn für Crew und Boot geeignet?
- Wie sieht der Notfallplan aus, wenn es dunkel wird, das Wetter sich verschlechtert oder etwas anderes schief geht?
- Weiß jemand anderes über unseren Plan Bescheid?

Bei einem etwas komplizierteren Törn ist eine detailliertere Planung notwendig, wegen etwaiger Vorschriften und damit der Törn angenehm wird.

Bei der Planung muss man die drei Phasen eines Törns im Auge behalten:

PHASE EINS Auslaufen	PHASE ZWEI Am Ziel ankommen	PHASE DREI Einlaufen

Oft wird gefragt, welche der drei Phasen die wichtigste ist und darüber entscheidet, wann wir aufbrechen. Das ist jedoch anfangs schwer zu sagen. Manchmal ist der Zeitpunkt der Ankunft so wichtig, dass die Etappe von diesem Zeitpunkt aus geplant wird, aber treffen Sie keine voreiligen Entscheidungen. Betrachten Sie alle drei Phasen, konkretisieren Sie dann den Plan.

Aus- und Einlaufen

Die erste und die letzte Phase der Fahrt bergen ähnliche potenzielle Probleme:

- Welche **Kartentiefe** haben wir? Wenn der Wasserstand nicht bei jedem Gezeitenstand für das Ein- und Auslaufen ausreicht, berechnen Sie den **frühesten** und den **spätesten** Zeitpunkt, zu dem Sie ablegen und ankommen können. Es ist ideal, wenn man Flachwasserzonen bei steigender Flut überquert, wenn möglich.
- Ist es möglich, im **Dunkeln** ein- oder auszulaufen? Gibt es genügend befeuerte Tonnen für dieses Vorhaben und fühlen Sie sich dabei wohl? Wenn Sie zum ersten Mal in einen Hafen einlaufen, und dies auch noch bei Nacht, kann das stressig werden. Schauen Sie im Almanach nach, wann die Sonne auf- bzw. untergeht.
- Erschwert oder verhindert ein starker Tidenstrom in einem engen Kanal das Ein- oder Auslaufen?
- Planen Sie das Ein- und Auslaufen aus Flüssen und Häfen. Konsultieren Sie den Almanach wegen Öffnungszeiten von **Schleusen** oder **Brücken**.
- Informieren Sie sich über die örtlichen **Vorschriften** und Abläufe in Bezug auf Verkehrssignale, das Einholen von Erlaubnis zum Ein- oder Auslaufen über UKW, die Überwachung von Schiffsbewegungen über UKW, den Einsatz des Motors und die Zeiten, zu denen das Hafenbüro besetzt ist.
- Welche **Gefahren** warten auf Sie? Es kann notwendig sein, auf Handelsschifffahrt, Fischerboote, Fischreusen, Ankerplätze oder unbefeuerte Tonnen zu achten.
- Bei Motorkreuzern muss der Skipper die Verfügbarkeit von Treibstoff für die Hin- und Rückfahrt überprüfen.
- Für einen guten Verlauf muss ein **Notfallplan** er-

stellt werden. Dieser sollte die Frage beinhalten, was passiert, wenn man zu früh/spät eintrifft, es zu dunkel ist oder das Wasser zu flach, um in den Hafen einzulaufen. Berechnen Sie die späteste Zeit, zu der das Boot einlaufen kann, und planen Sie dann, was zu tun ist, wenn Sie sich verspäten. Ob man evtl. einen anderen Hafen anläuft, einen Liegeplatz sucht, vor Anker geht oder einfach auf mehr Tageslicht oder mehr Wasserstand wartet.

Vielleicht treten bei der Planung Probleme auf, aber es ist möglich, diese zu umgehen.

Hier sind drei Beispiele dafür, wie potenzielle Probleme bewältigt werden können:

1. Die beste Auslaufzeit, um den Tidenstrom die Küste hinunter zu erwischen, passt nicht mit den Öffnungszeiten einer Schleuse zusammen. Fahren Sie durch die Schleuse, machen Sie an einem Liegeplatz fest oder gehen Sie vor Anker und warten Sie, bis die Tide günstig ist. Dadurch vermeiden Sie, eine Stunde lang mit der Tide durch die Schleuse und den Fluss hinunter zu fahren und dann für den Rest des Tages gegen die Strömung anzukämpfen.

2. Es kann notwendig sein, den Fluss bei Tageslicht zu verlassen, wenn die Tideströme für die Fahrt ungünstig sind. Also fahren Sie einen Tag vorher aus dem Fluss heraus, bleiben über Nacht an dem nächstmöglichen Liegeplatz und fahren dann am nächsten Tag weiter.

3. Die Einlaufzeit in den flachen Hafen passt nicht zu der Tidenströmung an der Küste entlang auf dem Weg dorthin. Nutzen Sie also die Tideströme bestmöglich und suchen Sie nach einem Ankerplatz, an dem Sie warten können, bis Sie einlaufen können.

Am Ziel ankommen

Die Planung der zweiten Phase dauert in der Regel länger und ist oft komplizierter, da manchmal mehrere Karten verwendet werden müssen. Für die Passage ist es wichtig, detaillierte Karten zu verwenden, insbesondere in der Nähe der Küste oder anderer Gefahrenstellen. Für eine erste Planung ist jedoch auch eine Karte sinnvoll, die die gesamte Route zeigt.

Sehen Sie sich Folgendes genauer an:

- **Wieviele** Semeilen sind geplant und **wie lange** brauchen Sie bei durchschnittlicher Geschwindigkeit dafür? Die erste ETA ist nur eine grobe Schätzung. Bei einer Küstenpassage läuft der Tidenstrom hoffentlich mit dem Boot und erhöht so die Fahrt über Grund. Eine Segelyacht könnte Probleme mit der **Windrichtung** bekommen. Bei einer Segelyacht, die gegen den Wind kreuzt, aber mit der Tide fährt, verlängert sich die Strecke etwa um 50%. Das ist übel, aber nicht so schlimm wie gegen den Tidenstrom und gegen den Wind zu segeln – dann müsste das Boot etwa doppelt so weit fahren. Das bedeutet, dass das Boot etwa 20 Seemeilen zurücklegen müsste, um 10 Seemeilen in Richtung Ziel zu kommen. Dies kann für alle an Bord sehr demoralisierend sein und sollte am besten vermieden werden!
- **Tidenströme.** Wann stehen diese günstig? Für eine küstennahe Passage kann dies der wichtigste Faktor sein und den Zeitpunkt der Abfahrt so offenkundig machen, als würde man in einen Zugfahrplan schauen. Erstellen Sie den Tidenstromatlas in Echtzeit für den Tag, dann ist es einfach zu erkennen, wann die Tidenströme günstig stehen und - was genauso wichtig ist – wann sie gegen die Fahrtrichtung stehen. Tidenströme fließen in der Regel entlang der Küste, sodass ihr Einfluss in der Planungsphase viel wichtiger ist, wenn auch die Passage entlang der Küste führt, insbesondere bei einer Segelyacht. Auf einer Segelyacht, deren Durchschnittsgeschwindigkeit bei 5 bis 6 Knoten liegt, ist es sinnvoll, **mit den Tidenströmen zu segeln**, da so die Fahrt über Grund größer und die Fahrzeit kürzer ist. Durch die Aufsummierung der Durchschnittsgeschwindigkeiten der Tidenströme für jede Stunde kann die Zeitersparnis geschätzt und die ursprüngliche ETA korrigiert werden. Für einen Motorkreuzer in Gleitfahrt ist der **Seegang** vielleicht ein wichtigerer Faktor. Die See ist ruhiger, wenn Wind und Tidenstrom in dieselbe Richtung weisen. Dann kann die optimale Marschgeschwindigkeit für einen niedrigen Kraftstoffverbrauch und eine angenehme Reise beibehalten werden.
- **Planen Sie die Route.** Es ist nützlich, eine Karte zu haben, die die gesamte Strecke zeigt, da in diesem Maßstab die allgemeine Richtung und die Entfernung zu sehen sind. Wenn Ihnen keine zur Verfügung steht, zeichnen Sie eine Skizze und notieren die Distanzen und Kurse darauf. Überprüfen Sie die Route auf den Detailkarten, die für die Passage benutzt werden, um sicherzugehen, dass diese sicher ist. Während Sie die Route einzeichnen können Sie Wegpunkte setzen, die Distanzen und Kurse zwischen ihnen abmessen. Wenn Sie diese Wegpunkte in den GNSS eingeben wollen, ist es wichtig, die Werte, die das GNSS berechnet, mit denen zu vergleichen, die Sie anhand der Karte bestimmt haben. Man kann leicht Wegpunkte falsch in das GNSS eingeben, was gefährliche Folgen haben kann. Die Skipper von schnellen Yachten platzieren die Wegpunkt meist in die Nähe von Tonnen, nicht genau darauf!
- Welche **Gefahrenquellen** entlang der Route, wie z. B. Sandbänke, Felsen, Verkehrstrennungszonen, Berufsschifffahrt oder Fischerboote, gilt es zu vermeiden.
- Achten Sie darauf, ob es auf der Route **Gezeitentore** gibt. Dies sind Punkte auf der Route, an denen der Tidenstrom besonders kritisch ist. Um eine Landzunge herum können die Tidenströme außergewöhnlich stark sein, weshalb es wichtig ist, dort nicht zu spät anzukommen.

Bei kritischer Ankunftszeit und sehr leichtem Wind muss ein Segelboot möglicherweise den Motor verwenden, um rechtzeitig anzukommen, oder aber gar nicht erst losfahren. Ein Törn ist eine Reise wie jede andere, und sobald der Zeitplan erstellt wurde, muss er eingehalten werden, oder das Ziel muss geändert werden.

**Schauen Sie sich den gesamten Plan an:
Schauen Sie sich alle drei Phasen dieser Passage an,
um zu entscheiden, ob sie zusammenpassen.**

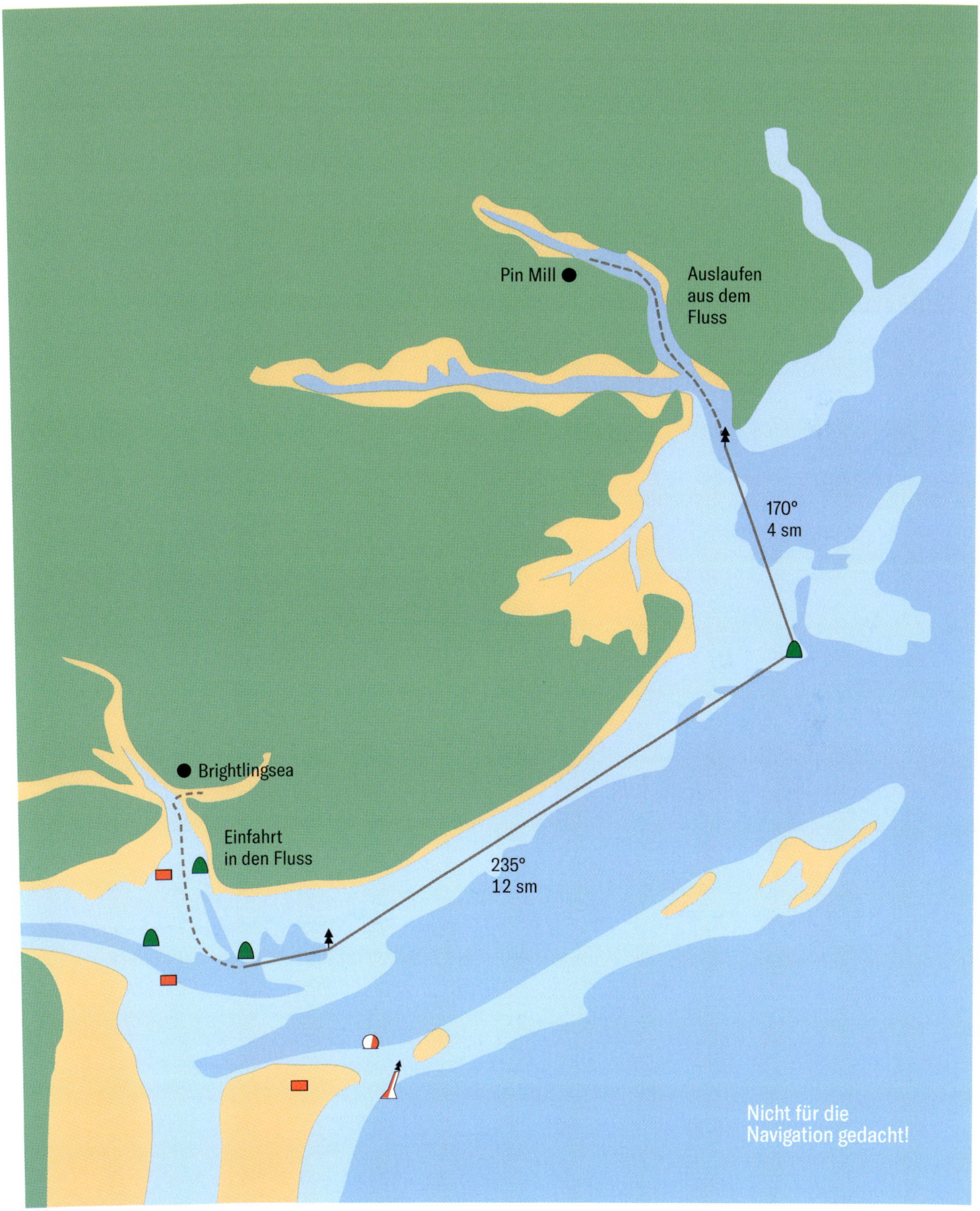

Abb. 68: Der Routenplan

Ein Blick auf die Bordelektronik

Die Grundlagen

Wenn Sie ein Boot kaufen oder chartern, ist es wahrscheinlich vollgestopft mit elektronischen Geräten. Sie sind eine große Hilfe, aber wenn Sie selbst welche kaufen, gibt es eine große Auswahl und fachkundige Beratung kann nicht schaden. Am besten ist es, sie auf dem Boot eines Freundes, der Segelschule oder auf einem Chartertörn an Bord auszuprobieren. Zu berücksichtigen sind nicht nur die Vorteile und anfänglichen Kosten, sondern auch die einfache Bedienung, die Displaygröße, eventuelle Up-dates und ob die Geräte multifunktional zu nutzen sind.

Nach dem Kompass ist das Log das wichtigste Werkzeug des Navigators. Mit ihm werden die zurückgelegte Strecke und die Fahrt durchs Wasser gemessen. Die meisten Logs nutzen heute einen Flügelradgeber, der außen am Rumpf angebracht ist. Das Display muss gut lesbar sein und die Informationen müssen für den Navigator und den Steuermann verfügbar sein.

Ein Multi-Display
Das Log (Trip) zeigt, dass wir 9,1 sm gesegelt sind.
Die Geschwindigkeit liegt augenblicklich bei 9,3 Knoten.

Das Flügelrad des Loggebers ragt aus dem Rumpf heraus.

Der **Log-Geber** ist anfällig für Verschmutzung durch Seegras, kann aber leicht gereinigt werden, indem er durch den Rumpf zurückgezogen wird. Dies ist ziemlich sicher, selbst wenn das Boot im Wasser ist, da die Öffnung durch ein Klappenventil oder eine Schraubenabdeckung geschützt werden kann, die mitgeliefert werden. Wenn nichts davon an Bord ist, kann man zwar mit der Hand die Öffnung verschließen, um das Eindringen von Wasser zu verhindern, aber das macht die Wartungsarbeiten sehr schwierig! Ich habe festgestellt, dass ein großer Schwamm, der tief in das Loch gedrückt wird, gut funktioniert, aber das ist nur eine Notlösung und muss natürlich sorgfältig überwacht werden. Wenn das Flügelrad nicht sauber ist, wird mit dem Log voraussichtlich ein zu niedriger Wert gemessen, was verwirrend und möglicherweise gefährlich ist. Die Genauigkeit kann mit einer bekannten Distanz überprüft werden, um das Instrument dann so zu kalibrieren, dass es korrekte Messwerte anzeigt.

Vergessen Sie nicht den Tidenstrom und nutzen Sie nach Möglichkeit das flache Wasser oder machen Sie zwei Läufe, einen mit der Flut und einen gegen die Flut. Wenn ein gebrauchtes Gerät ständig Probleme bereitet, selbst wenn der Signalgeber sauber

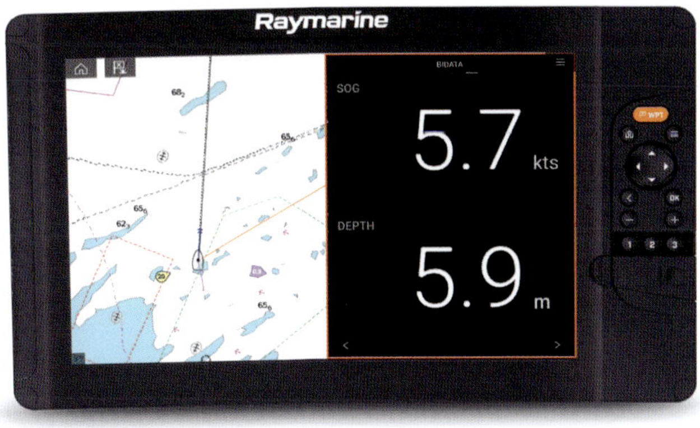

Die Wassertiefe ist 5,9 m und die Geschwindigkeit 5,7 Knoten.

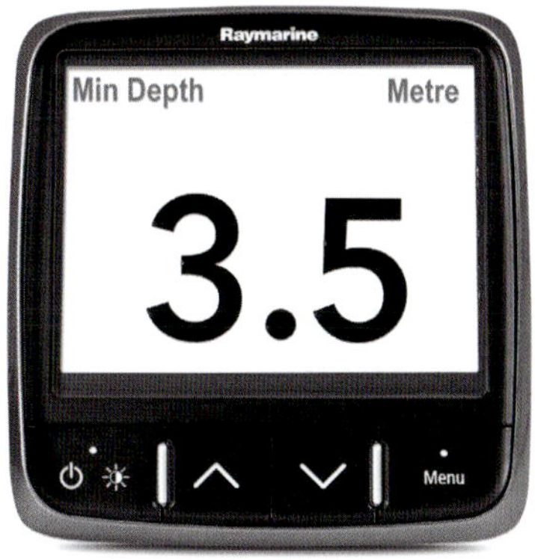

Stellen Sie den Flachwasseralarm auf einen Wert, bei dem Sie sich sicher fühlen, z. B. 3,5 m.

ist, ist es wahrscheinlich am besten, die Installation professionell überprüfen zu lassen, da ein Ersatzsignalgeber mit dem Gerät kompatibel sein muss. Auch das GNSS kann zur Kalibrierung des Logs verwendet werden.

Das moderne digitale **Echolot** ist leicht abzulesen und verfügt über Funktionen wie Flachwasser- und Tiefwasseralarme, die für die Navigation sehr nützlich sein können. Manche Leute denken, dass der Zweck eines Echolots darin besteht, ein Boot vor dem Auflaufen auf Grund zu bewahren. Das ist nicht der Fall! Der geschickte Einsatz des Flachwasseralarms hilft aber. Stellen Sie die Warnunfunktion so ein, dass sie frühzeitig reagiert, wenn das Boot das Fahrwasser verlässt, und nicht erst Sekunden vor dem Auflaufen. Der Tiefwasseralarm kann nützlich sein, um eine große Seeschifffahrtsstraße zu vermeiden. Normalerweise kann das Gerät so eingestellt werden, dass es die Tiefe unter dem Geber, die Tiefe unter dem Kiel oder die Wassertiefe anzeigt. Entscheiden Sie, was Ihrer Meinung nach am besten ist. Wenn Sie auf andere Boote gehen, sollten Sie auch wissen, wie das Gerät eingestellt ist.

Sobald Log und Echolot eingerichtet sind und funktionieren, ist das **Funkgerät** das zweitwichtigste Instrument – nicht für die Navigation, aber ein wesentlicher Bestandteil der elektronischen Ausrüstung an Bord. Ein tragbares Gerät hat den Vorteil, dass es sich mitnehmen lässt, wenn man auf vielen verschiedenen Booten unterwegs ist. Die geringe Reichweite, die schwache Übertragungsleistung und die meist fehlende DSC-Fähigkeit machen es jedoch weniger attraktiv.

Fest installierte und tragbare UKW-Funkgeräte von ICOM

Der Kartentisch

Im Almanach finden Sie die UKW-Kanäle, die Sie in Hafengebieten überwachen oder (bei Bedarf) nutzen können, sowie die Sendezeiten der Küstenwache bzw. der Sender, die Warnungen aussenden. Diese Sendungen beinhalten Wettervorhersagen und Navigationswarnungen. Auf See sollte der Kanal 16 abgehört werden (Vermeiden Sie es auf dem Kanal 16 zu funken, außer in Notfällen).

Das nächste Instrument, das sich die meisten Navigatoren wünschen, ist ein **Satellitennavigationssystem**. Es gibt auch tragbare GNSS zu kaufen. Die tragbaren Geräte haben eine interne Antenne und funktionieren mit Batterien, sodass sie überall hin mitgenommen werden können. Einige zeigen die Position auf einem Kartenbildschirm an und sind ein Mini-Kartenplotter.

Beim ersten Einschalten an einem neuen Standort muss das Gerät ziemlich intensiv arbeiten, um zu berechnen, wo auf der Welt es sich befindet und welche Satelliten daher zu suchen sind. Danach kann es die Position jedoch sehr schnell ermitteln. Wenn das Set auf einen Chartertörn in die Karibik mitgenommen wird, braucht es Zeit, um sich wieder zu orientieren. Es ist wichtig, im Menüsystem das Referenzsystem auf dasselbe, wie das der Karte einzustellen (in den meisten Fällen WGS84). Diese Informationen finden Sie auf dem Kopf der Karte.

Ein eingebautes Gerät, das an die Stromversorgung des Bootes angeschlossen ist, hat viele Vorteile: ein größeres Display, oft als Kartenplotter, und Positionsinformationen, die mit dem UKW-/DSC-Funkgerät oder dem Radar verbunden werden können.

Ein GNSS-Gerät, das Ihnen Längen- und Breitengrad, Kurs und Fahrt über Grund sowie Informationen von anderen Instrumenten anzeigt.

Ein Blick auf die Bordelektronik

Seekartenplotter

Seekartenplotter sind heutzutage weit verbreitet. Sie sind kein Ersatz für das Verständnis der Navigation und die Fähigkeit, auf See zu navigieren, sondern nur eine andere Art, dies zu tun. Sie zeigen die digitale Karte auf einem Bildschirm an und verwendet GNSS-Informationen, um die Position zu ermitteln, die während der Fahrt aktualisiert wird. Diese Technologie entwickelt sich schnell weiter und ist teuer. Holen Sie sich daher Rat von Experten, am besten von mehreren! Viele Plotter haben Navigations- und Gezeitendaten gespeichert und einige führen Kursberechnungen durch, sodass sie ein vollständiges Navigationssystem bilden. Bei vielen kann man andere Hilfsmittel wie **Radar** und **AIS** integrieren.

AIS (Automatic Identification System) ist ein automatisches Ortungssystem, das auf großen Schiffen vorgeschrieben ist. Informationen zu Identität, Position und Kurs werden über ein UKW-Signal übertragen. Es wird von Hafenbehörden und Küstenwachen zur Überwachung des Schiffsverkehrs und von anderen Schiffen zur Vermeidung von Kollisionen eingesetzt. Die Position, den Kurs und die Geschwindigkeit eines anderen Schiffes in der Nähe zu kennen, ist von unschätzbarem Wert. Auch AIS-Mensch-über-Bord-Baken können angezeigt werden. Außerdem sind AIS-Sender erhältlich, mit denen die Position des Bootes und andere Informationen an andere Schiffe übertragen werden können.

Es gibt auch AIS-Apps für das Tablet oder Smartphone, die aber nur im Netz funktionieren. Hierbei handelt es sich nicht um Live-Informationen. Die Aktualisierung der App kann einige Zeit in Anspruch nehmen. Das bedeutet, dass die angezeigte Position eines Schiffes veraltet sein kann, wobei die zeitliche Verzögerung angezeigt wird.

Die Mindestanforderungen an das System für die elektronische Navigation sind:

- Ein **Bildschirm**, auf dem die elektronische Karte angezeigt wird. Dies kann ein Computerbildschirm, ein Tablet, ein Laptop, ein robuster Panel-PC oder ein entsprechender Kartenplotter sein. Die beliebtesten Optionen sind das Tablet und der Kartenplotter. Die Größe und Auflösung des Bildschirms sowie die Benutzerfreundlichkeit sind wichtige Aspekte. Der Plotter hat den Vorteil, dass er für den Einsatz auf See hergestellt wurde und permanent an die Stromversorgung des Bootes angeschlossen ist. Das Gerät ist robust und wasserdicht, und bei Problemen gibt es nur einen Ansprechpartner. Das Tablet ist tragbar und hat viele andere Einsatzmöglichkeiten, ist aber ohne Schutz anfälliger für Beschädigungen. Touchscreens sind zwar einfach zu bedienen, aber auf See mit Handschuhen oder nassen Händen möglicherweise weniger. Manche Skipper nutzen einfach ein Smartphone!
- Es wird eine **Software** benötigt, aber bei einem speziellen Plotter und einer App auf einem Tablet ist diese enthalten.
- Die **digitalen Seekarten** müssen für den Einsatz auf dem Plotter, PC oder Laptop gekauft werden. Ein Tablet verwendet in der Regel eine App, aber die Kartensätze von Imray beinhalten einen kostenlosen Download für dasselbe Gebiet. Die Karten sind in zwei verschiedenen Formaten verfügbar: **Raster** und **Vektor**. Die Karte wird auf dem Bildschirm unterschiedlich dargestellt, was sich auf die Verwendung der Karten auswirkt.

Eine **Rasterkarte** oder Rasterscan-Karte ist eine gescannte Version der Papierkarte, sodass sie genauso aussieht. Wenn eine Rasterkarte über ihren Maßstab hinaus vergrößert wird, verzerrt sich das Bild. Zum Ändern des Maßstabs sollte die Karte gewechselt werden, statt die Ansicht zu vergrößern/verkleinern.

Vektorkarten werden mit einem völlig anderen System erstellt. Das Bild wird aus Informationsschichten aufgebaut, sodass es auf dem Bildschirm je nach Situation angepasst werden kann. Das Bild kann in verschiedenen Maßstäben angezeigt werden, um bestimmte Daten auszublenden oder ein Merkmal, wie eine Tonne oder einen Leuchtturm, für weitere Informationen abzufragen. Bei diesen Karten kann man heran- und herauszoomen, ohne dass die Schärfe verloren geht. Um kleine Details und das »große Ganze« zu sehen, empfiehlt es sich, regelmäßig den Maßstab zu ändern.

Qualität der Daten. Seekarten werden von verschiedenen Institutionen erstellt. Einige, wie das UKHO oder das BSH, sind Regierungsbehörden. Sie erstellen Seekarten nach den Standards der IMO (International Maritime Organisation). Dieser Standard ist für die kommerzielle Schifffahrt erforderlich, aber für Freizeitnutzer gibt es eine größere Auswahl. Informieren Sie sich vor dem Kauf eines Systems über die Aktualisierungskosten und die Verfügbarkeit.

Tablet oder Kartenplotter?

Achten Sie auf die Bildschirmgröße, die Anschaffungs- und Aktualisierungskosten der Karten, Bindung an einen Kartentyp oder Anbieter, Benutzerfreundlichkeit und ob andere Informationen wie Wassertiefe, Geschwindigkeit, Wetter- oder Motordaten angezeigt werden können und ob zusätzliche Kosten für Sensoren entsehen.

Ein Seekartensystem kann nicht als einmalige Anschaffung betrachtet werden. Papierkarten werden durch Gebrauch und Abnutzung beschädigt, während die Bildschirmkarten makellos bleiben. Aber dafür müssen sie aktualisiert werden. Veraltete Karten oder minderwertige Daten, führen zu Unsicherheiten und möglicherweise zu Gefahren.

Mögliche Probleme bei Kartenplottern sind:

- Bedienungsfehler.
- Mangelndes Verständnis für die bereitgestellten Informationen.
- Meist werden die begrenzten Möglichkeiten eines Geräts, das ein Positionsbestimmungsgerät und kein Navigationssystem ist, nicht erkannt.
- Nehmen wir an, die Position ist zu 100 % korrekt, und man ist z. B.in der Nähe einer Sandbank, die sich bewegen könnte, weniger vorsichtig.
- Die Bestätigung der Position durch eine unabhängige Quelle wird nicht eingeholt.
- Dabei wird vergessen, dass die GNSS-Position zwar zuverlässig sein kann, das GNSS aber meist nicht in der Lage ist, eine zukünftige Position präzise vorherzusagen. Es gibt normalerweise nur eine grobe Vorhersage.

Selbst wenn Sie hochwertige, aktuelle digitale Karten an Bord haben und diese auch nutzen können, sollten Sie einige Papierkarten mitführen, ein Logbuch führen und von Zeit zu Zeit das manuelle Plotten üben, da die Elektronik oder deren Stromversorgung gelegentlich ausfallen kann.

Auf jeden Fall macht Navigation Spaß. Lassen Sie die Crew die Navigation auf der Papierkarte mit der des Kartenplotters vergleichen oder lassen Sie die Kinder auf einem längeren Törn mit einem Ersatz-Tablet experimentieren!

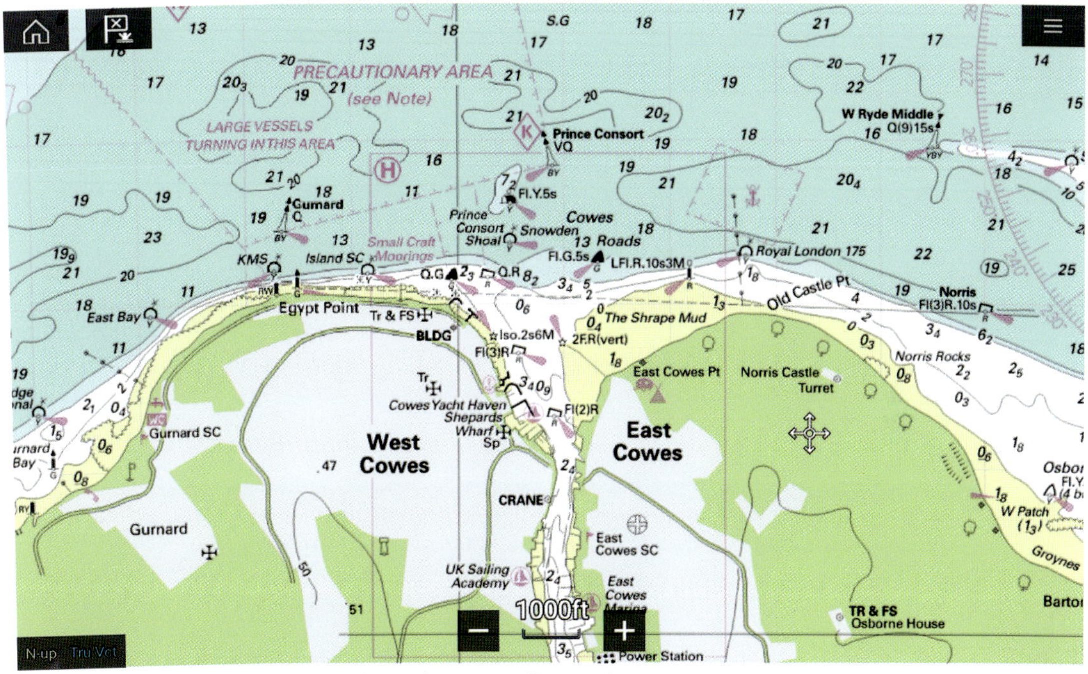

Eine Rasterkarte von der Hafenstadt Cowes herausgegeben von Imray.

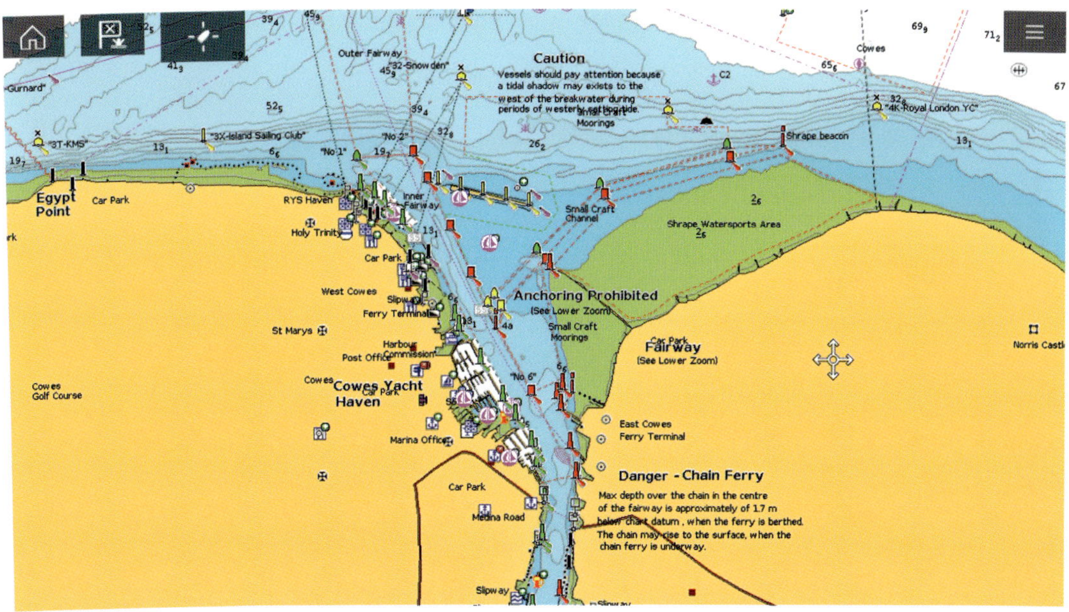

Eine Vektorkarte von der Hafenstadt Cowes herausgegeben von Navionics.

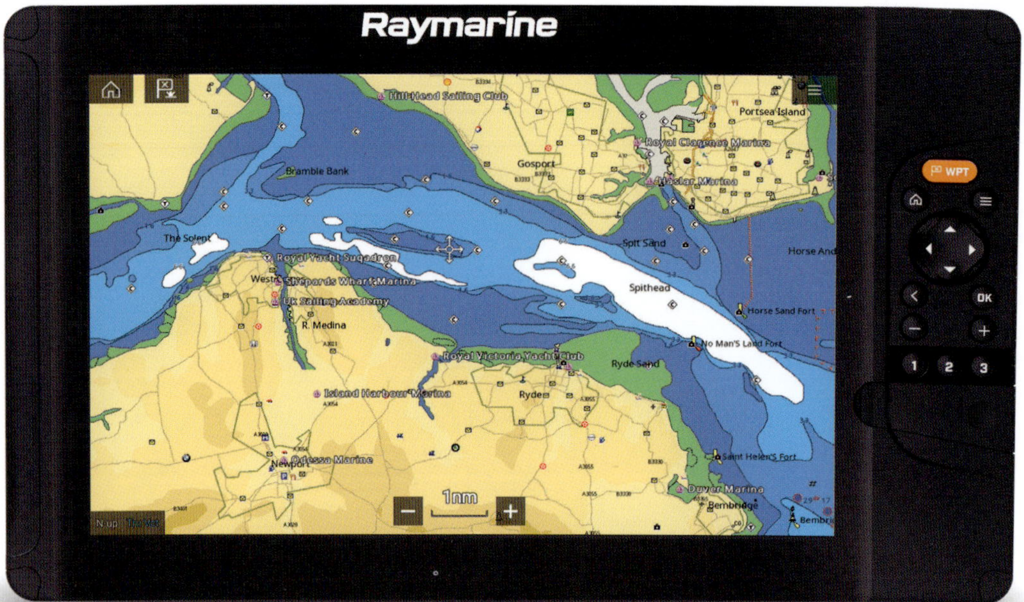

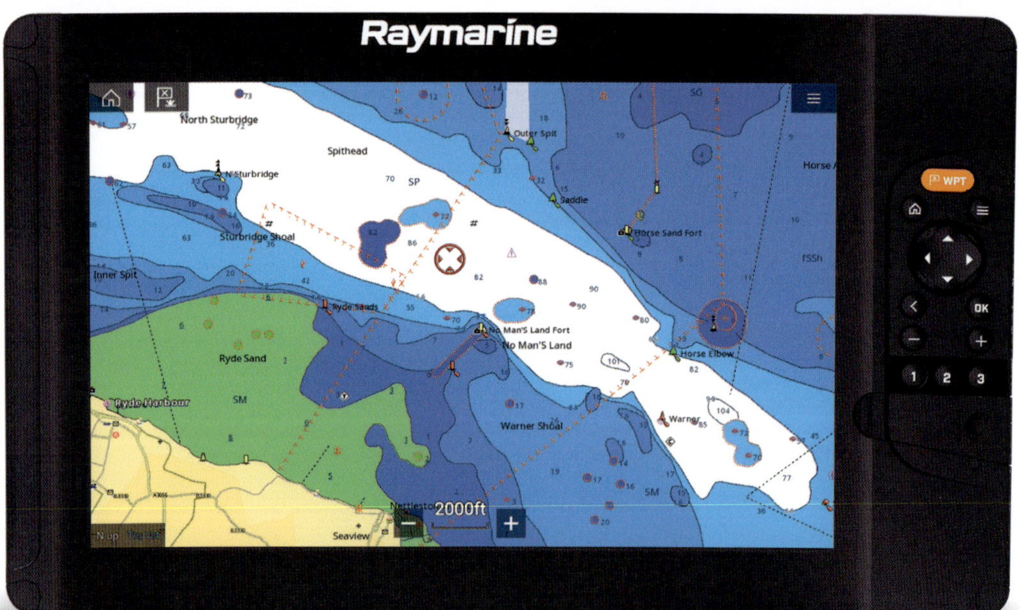

Hineinzoomen in eine Vektorkarte für eine detailliertere Ansicht.

Die Sierra unterwegs

Der Törn geht weiter

Die Sierra muss den Kurs zur nächsten Tonne berechnen.
Die Distanz beträgt etwa 12 Seemeilen. Das Boot fährt mit 5 Knoten, aber mit einem günstigen Tidenstrom sollte die Fahrt etwa 2 Stunden dauern.

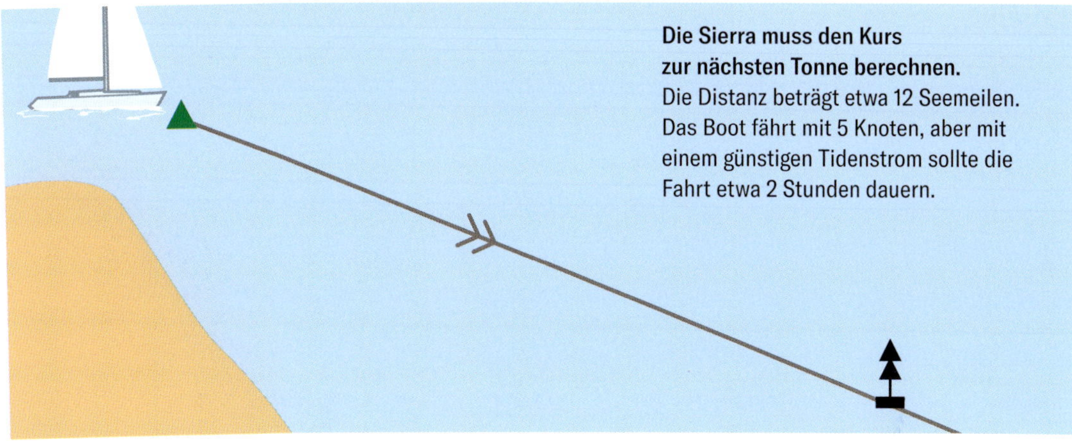

Zeichnen Sie 2 Stunden Tidenstrom zu Beginn ein und setzen Sie die Bootsgeschwindigkeit doppelt an.

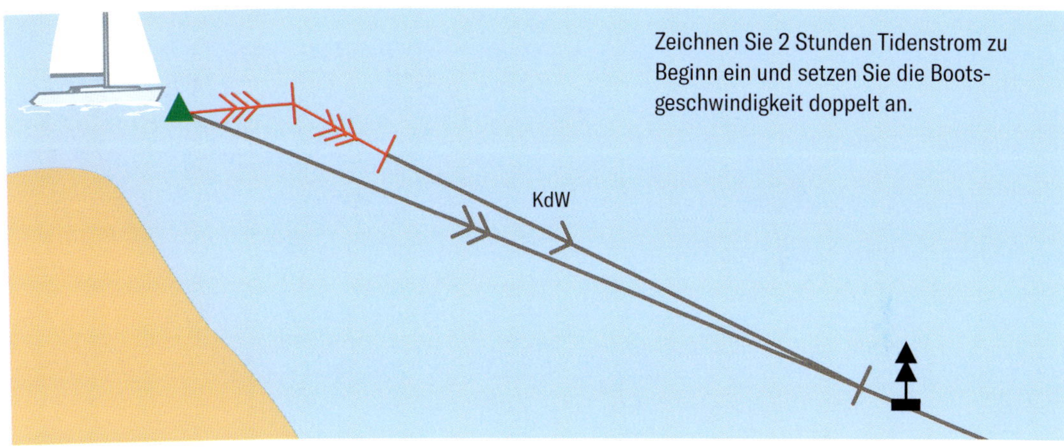

Überwachen Sie die Position mithilfe von Landmarken und dem GNSS.

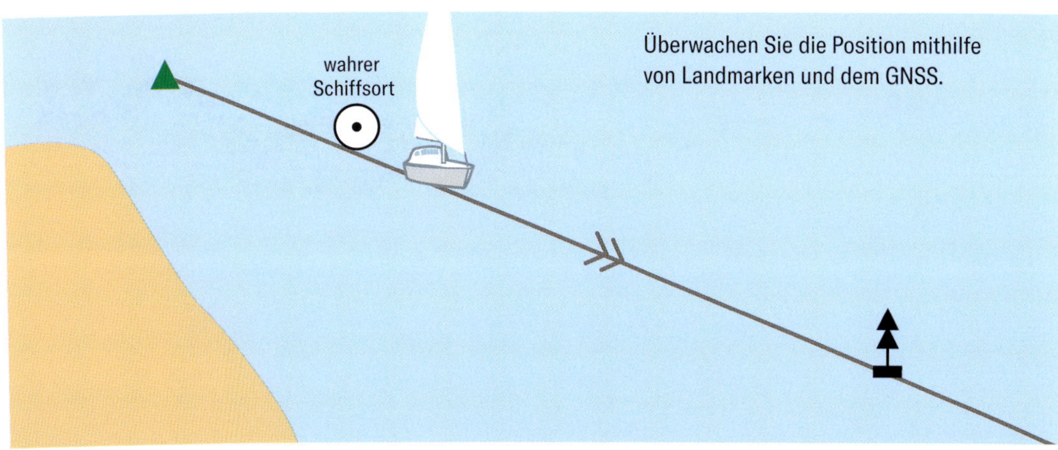

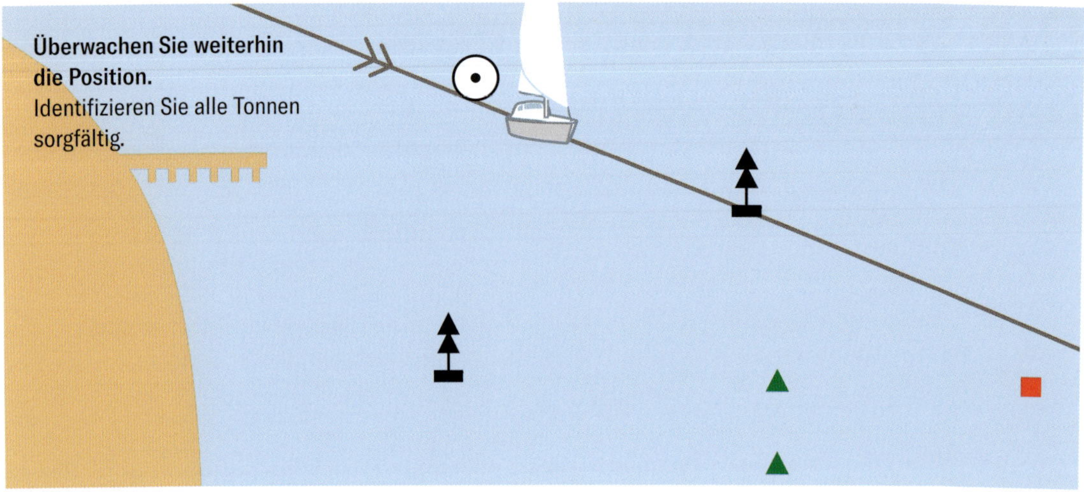
Überwachen Sie weiterhin die Position.
Identifizieren Sie alle Tonnen sorgfältig.

An der Steuerbordtonne starten Sie den Motor und bergen die Segel.
Dann folgen Sie ihrem Navigationsplan.

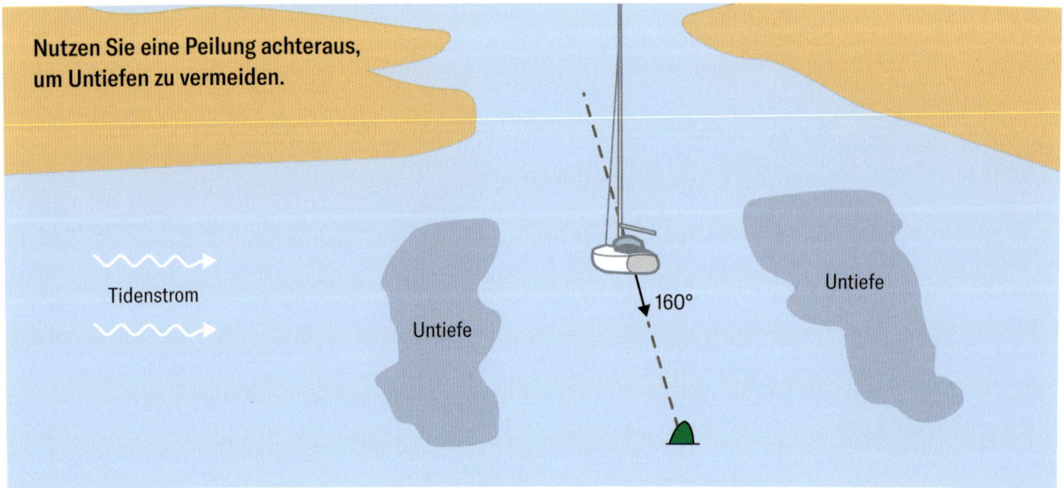
Nutzen Sie eine Peilung achteraus, um Untiefen zu vermeiden.
Tidenstrom
Untiefe
160°
Untiefe

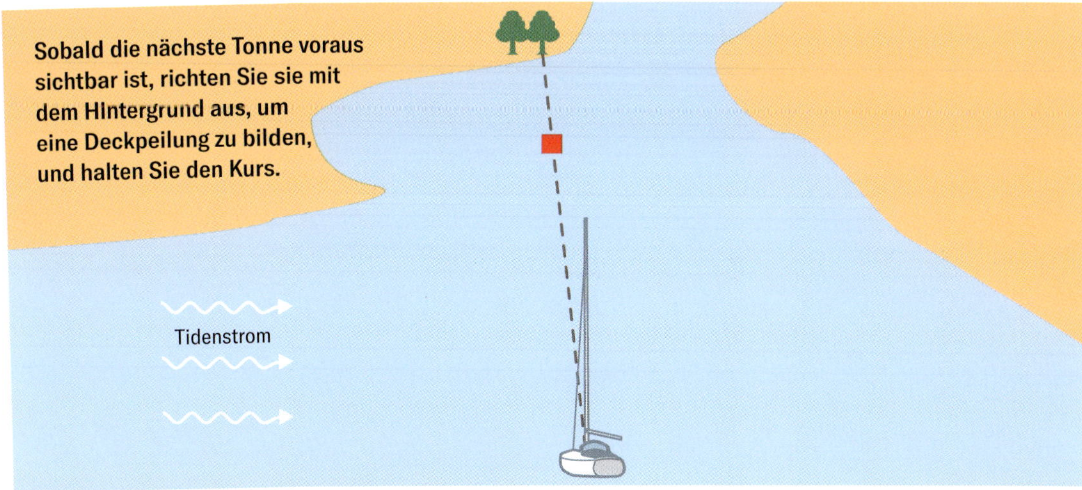
Sobald die nächste Tonne voraus sichtbar ist, richten Sie sie mit dem Hintergrund aus, um eine Deckpeilung zu bilden, und halten Sie den Kurs.
Tidenstrom

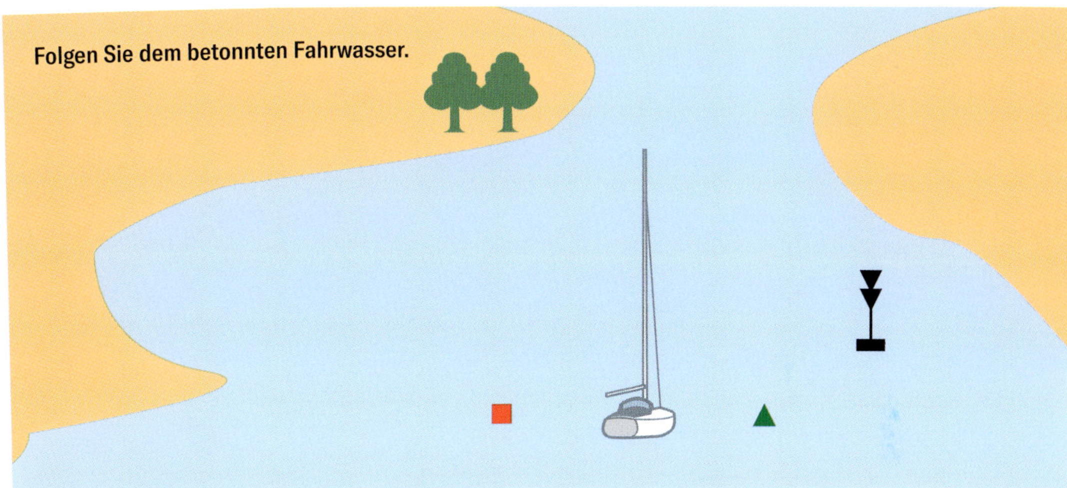
Folgen Sie dem betonnten Fahrwasser.

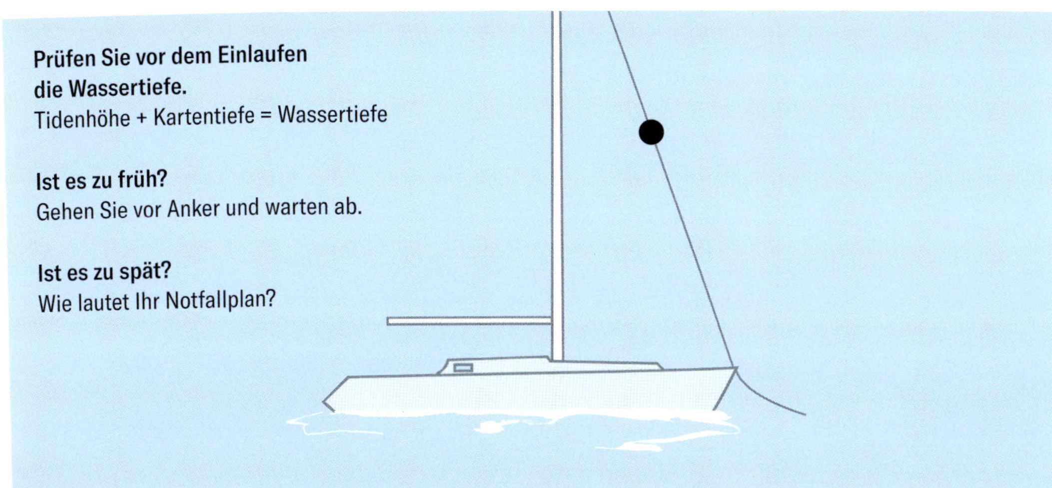
Prüfen Sie vor dem Einlaufen die Wassertiefe.
Tidenhöhe + Kartentiefe = Wassertiefe
Ist es zu früh?
Gehen Sie vor Anker und warten ab.
Ist es zu spät?
Wie lautet Ihr Notfallplan?

Bereiten Sie das Boot für das Anlegemanöver vor und legen Fender und Festmacher an beiden Seiten aus.
Folgen Sie der Betonnung und den Leitmarken.

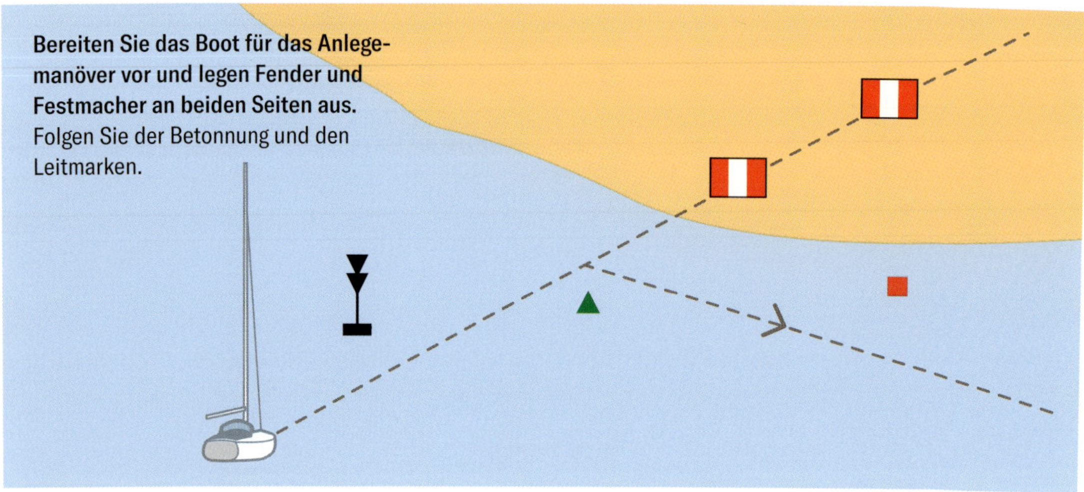

Rufen Sie den Hafenmeister an und erbitten Anweisungen für das Anlegen.
Halten Sie Ausschau nach anderen Schiffen, die bereits festgemacht haben oder noch fahren.

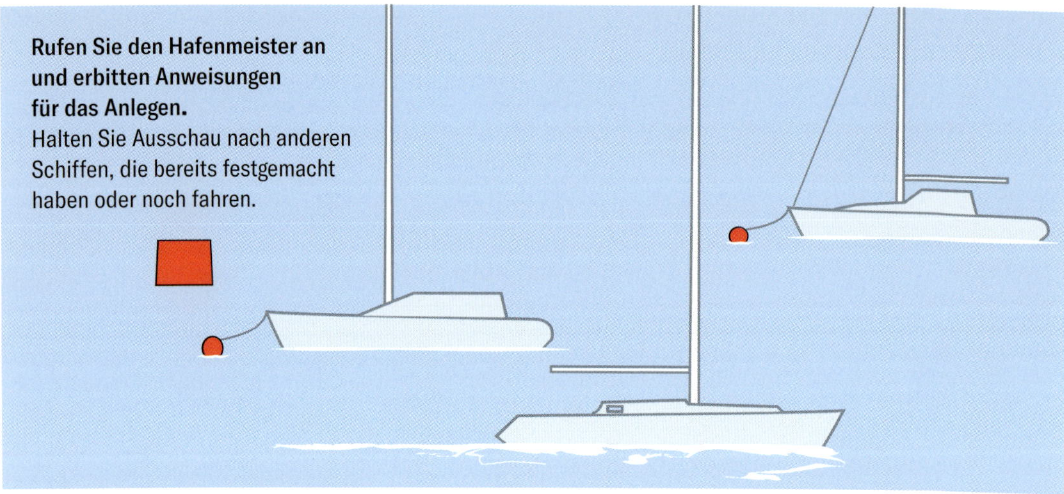

Legen Sie an und machen Sie fest.
Räumen Sie an Deck auf, entspannen sich ...
& planen Sie ihren nächsten Törn!

Navigation
Eine Zusammenfassung

Wie finde ich heraus, wo ich bin?

1. GNSS a) Längen- und Breitengrad
   b) in Bezug auf einen Wegpunkt

2. Wahrer Schiffsort

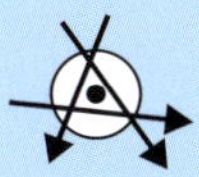

3. Koppeln

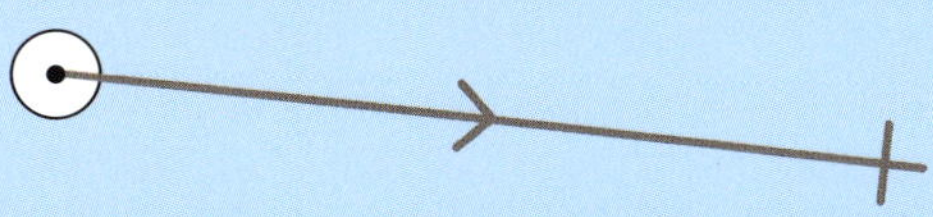

4. Geschätzte Position (EP)

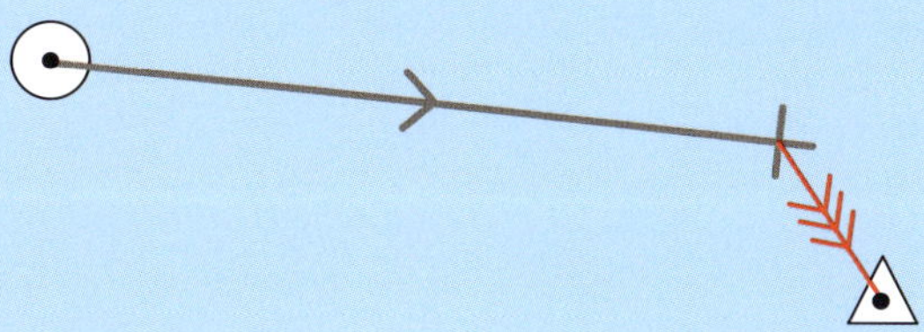

Wie finde ich mein Ziel?

1. KdW

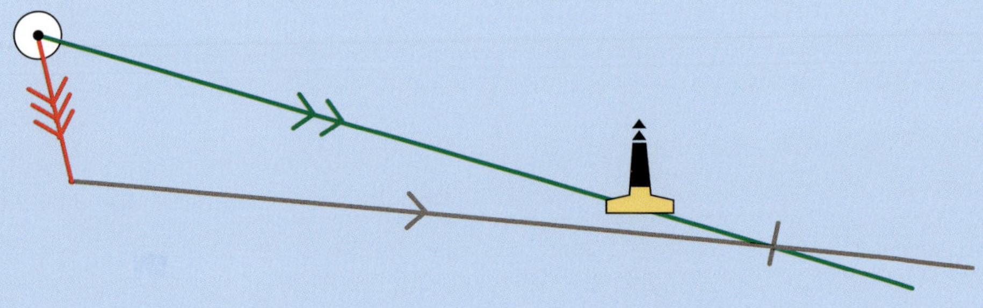

So einfach ist das!

Glossar

Ablenkung / Deviation: Sie wird durch das Magnetfeld des Bootes verursacht und wirkt sich je nach Position auf dem Boot unterschiedlich auf jeden Kompass aus. Sie ändert sich auch je nach Kursrichtung.

Fahrtzeit (TTG): Addiert man die Fahrtzeit zur aktuellen Zeit, ergibt dies die ETA.

FüG: Die Fahrt (Geschwindigkeit) über Grund wird auf dem Log nicht angezeigt. Die FüG ergibt sich aus einer Kombination aus der FdW (angezeigt auf dem Log) und dem Tidenstrom. Ein GNSS kann die FüG anzeigen.

Geschätzte Position (EP): Bei der EP wird beim Koppeln auch der Tidenstrom mit einbezogen und eingezeichnet.

GNSS: Globale Navigationssatellitensysteme wie GPS, Galileo, Glonass und andere, die von China, Indien und Japan aus eingerichtet wurden. Diese Systeme nutzen Satellitensignale, um die Position des Schiffes zu ermitteln, die alle paar Sekunden aktualisiert wird. Sie können daraus den Kurs über Grund (KüG), die Fahrt über Grund (FüG) sowie die Richtung und Entfernung zu einem gespeicherten Wegpunkt berechnen. Die Position kann als Längen- und Breitengrad oder auf einem Kartenplotter angezeigt und von anderen Geräten wie UKW/DSC und Radar verwendet werden.

Höhe der Gezeiten: Die Höhe der Gezeiten ist die Menge an Wasser über dem Seekartennull. In Gezeitentafeln wird die Tidenhöhe für HW und NW angegeben. Zwischen dem HW und dem NW kann der Pegelstand mithilfe der Gezeitenkurve berechnet werden.

Interpolation: Einfügen einer Zahl in eine Reihe zur Vervollständigung der Sequenz. Z. B. ist ein Sechstel des Abstands zwischen 12 und 24 die Zahl 14.

Kartenplotter: Ein Display an einem Gerät oder Tablet, das die Seekarte zeigt und die Position des Schiffs, gespeist von einem GNSS. Manche »chart plotter« liefern auch Informationen aus Handbüchern und über Gezeiten. Einige Geräte können sogar die Tidenhöhen und den Kurs berechnen, allerdings muss man dafür manchmal ein Abonnement abschließen.

KdW: Der zu steuernde Kurs durchs Wasser muss vorher berechnet werden. Hierbei werden die Tidenströme und die geschätzte Abdrift einbezogen.

Koppeln: Eine Position kann durch Koppeln ermittelt werden, wenn man die Distanz und den KdW einbezieht. Die Abdrift kann mit einbezogen werden. Das ergibt nur eine ungefähre Position.

KüG: Der Kurs über Grund wird in der Seekarte mit zwei Pfeilspitzen gekennzeichnet. Er entspricht dem Weg, den das Boot über den Meeresgrund zurücklegt.

Missweisung: Die Missweisung wirkt auf Steuerkompasse und Handpeilkompasse gleichermaßen und wird durch das Magnetfeld der Erde bestimmt. Sie errechnet sich aus der Differenz zwischen dem Kurs auf dem Kompass und dem Kartenkurs (die Seekarte richtet sich nach dem geografischen Norden). Die Missweisung ist an verschiedenen Orten der Welt unterschiedlich. Sie wird auf der Kompassrose auf der Seekarte angegeben.

Seekartennull: An dem Seekartennull orientiert sich auf der Seekarte die Kartentiefe. Hierbei handelt es sich ungefähr um die Niedrigsten Gezeitenwasserstand (NGzW oder LAT).

Wassertiefe: Die Wassertiefe ergibt sich aus einer Kombination aus der Tidenhöhe und der Kartentiefe oder der trockenfallenden Höhe, die auf der Karte angezeigt wird.

Wegpunkt: Ein Wegpunkt ist ein vom Navigator ausgewählter Punkt auf der Karte. Als Wegpunkt kann jeder Punkt oder eine Tonne dienen, die auf dem Kurs zum Ziel liegt. Wenn die Längen- und Breitengrade dieses Wegpunkts in das GNSS eingegeben werden, zeigt das Gerät die Richtung und Entfernung zum Wegpunkt an und aktualisiert diese Angaben, während sich das Boot bewegt. Die Wegpunktfunktion wurde ursprünglich als Bestandteil einer Route entwickelt, kann aber auch dazu verwendet werden, Ihre Position schneller und einfacher zu bestimmen als mit Hilfe von Längen- und Breitengraden.

XTE: Kursabweichungsfehler (Cross Tack Error). Wenn ein Wegpunkt in das GNSS eingegeben wird, zeigt das Gerät die Richtung und Entfernung zum Wegpunkt an und aktualisiert diese, während sich das Boot bewegt. Der XTE ist die Strecke in Zehntelmeilen, um die das Boot von dem ursprünglichen Kurs, der vom GNSS vorgegeben wurde, abweicht.

Antworten
zur Seite 67

Fragen

a) Fl (2) 20s 12m 24M auf einem Feuerschiff
b) VQ (6) + LFl 10s
c) Mo (U) 15s 2m 3M an einer Bake
d) Fl Y 2.5 s
e) Iso 10s
f) Oc (2) WR 15s 10m 18M auf einem Leuchtturm, wo der Sichtbarkeitsbereich des roten und weißen Lichts auf der Karte angezeigt wird. Der Sektor ist der Bereich, in dem das Feuer sichtbar ist. Die Sektoren sind auf der Karte markiert und helfen, Schiffe in einen engen Hafen zu leiten oder sie vor Gefahren wie Felsen zu schützen **(siehe Abb. 59)**.

Antworten

a) Blitzfeuer mit zwei Einzelblitzen alle 20 Sekunden. Das Feuer befindet sich 12 Meter über MSpHW und hat eine nominale Reichweite von 24 Seemeilen.
b) Kennung einer Untiefentonne Süd. Weißes Funkelfeuer, blinkt 6-mal schnell hintereinander, gefolgt von einem längeren Blitz. Der Zyklus dauert 10 Sekunden.
c) Ein weißes Blitzlicht gibt den Morsebuchstaben U (··–) alle 15 Sekunden wieder. Die Bake ist 2 Meter über MSpHW und hat eine nominale Reichweite von 3 Seemeilen.
d) Eine gelbe Tonne mit einem gelben Blitzlicht, alle 2,5 Sekunden.
e) Ein weißes Gleichtaktfeuer leuchtet 5 Sekunden lang und ist dann 5 Sekunden lang ausgeschaltet. Der Takt dauert also 10 Sekunden.
f) Ein rotes oder weißes Feuer, je nach Sektor, aus dem es gesichtet wird. Es ist ein unterbrochenes Feuer mit Einzelunterbrechungen, das zweimal alle 15 Sekunden unterbrochen wird. Das Feuer befindet sich 10 Meter über MSpHW und hat eine nominale Reichweite von 18 Seemeilen.

Webseiten

www.fernhurstbooks.com

www.gov.uk/government/organisations/maritime-and-coastguard-agency

www.pinmillcruising.co.uk

www.raymarine.com

www.rya.org.uk

www.admiralty.co.uk

www.dsv.org

www.dmyv.de

www.bsh.de

www.hansenautic.de

www.nvcharts.com